SUITE
DE LA
MATIERE MÉDICALE
DE M. GEOFFROY.

REGNE ANIMAL.

TROISIÉME CLASSE.
DES AMPHIBIES.

Des Amphibies en général.

LES Amphibies font ainsi appellés de ce qu'ils vivent également fur la terre & dans l'eau. Ils tiennent, pour ainfi dire, le milieu entre les Poiffons & les Animaux terreftres, & ils participent de leur différente nature. Cette propriété

Tome II. Partie II.　　　A

HISTOIRE
NATURELLE
DES ANIMAUX,

PAR

Mrs ARNAULT DE NOBLEVILLE
& SALERNE, *Médecins à Orleans.*

TOME II. PARTIE II.

3 liv. 10 *ſ. le Volume relié.*

A PARIS,

Chez Š DESAINT & SAILLANT, rue S. Jean
de Beauvais.
G. CAVELIER,
LE PRIEUR, } rue S. Jacques.

M. DCC. LVI.

Avec Approbation & Privilége du Roi.

TABLE
DES AMPHIBIES.

Fin de la Table des Amphibies.

SUITE

singulière des Amphibies a fait varier
les Naturalistes dans l'arrangement qu'ils
ont donné à la Claſſe de ces Animaux.
Les uns n'ayant égard qu'à cette préro-
gative de vivre dans l'un & l'autre élé-
ment , ont renfermé dans la famille
des Amphibies tous les Animaux dans
leſquels ils ont remarqué cette propriété ;
& les autres ayant plus d'égard aux rap-
ports plus ou moins grands que ceux-ci
avoient avec les Quadrupèdes, ont ſé-
paré de cette Claſſe tous ceux dans leſquels ils ont remarqué une exacte conformité avec ces derniers ; d'autant plus
que ces Amphibies, quoiqu'ils vivent
ſous l'eau, n'y peuvent demeurer qu'un
certain temps , & qu'ils ſont obligés de
revenir ſur terre , ou au-deſſus de l'eau ,
pour reſpirer un nouvel air , ſans quoi
ils ſeroient ſuffoqués, la quantité d'air
qui ſe trouve mêlée avec l'eau, n'étant
pas ſuffiſante pour leur conſerver la vie.
Ce beſoin qui les rapproche des Animaux terreſtres , outre qu'ils ont le
corps plus ou moins couvert de poil ,
comme les Bêtes à quatre pieds , a fait
penſer qu'il étoit plus naturel de ne
mettre parmi les Amphibies que ceux
de cette eſpèce, qui n'ont que des rap-
ports éloignés avec les Quadrupèdes &

de renvoyer à la Claſſe de ces derniers
ceux qui en approchent le plus, tant
pour la forme que pour le caractère.
C'eſt la méthode que nous avons ſuivie,
& l'on trouvera ci-deſſous dans la Claſſe
des Quadrupèdes, tous les Animaux
Amphibies qu'on auroit pu placer ici.

COLUBER.

ENTRE les différentes eſpèces de
Serpens qui rampent ſur la terre, ou
qui nagent dans les eaux, on diſtingue
principalement la Vipère & le Serpent à
collier : auſſi nous bornerons-nous à décrire ces deux derniers Serpens, non-ſeulement parcequ'ils ſont des plus communs, mais ſur-tout parcequ'ils ſont plus
uſités que les autres dans nos Boutiques.

La Vipère ; *Vipera*, Offic. Schrod.
309. Dal. Pharm. 430. Schwenckf. Rept.
Sileſ. 166. Bellonn. Obſ. Ed. Clus. 123.
Geſn. *de Serp.* 124. Aldrov. Hiſt. Serp.
108. Jonſt. *de Serp.* 7. Charlet. Exerc.
32. Merr. Pin. 208. Raij *de Serp.* 285.
Vipera noſtras, ind. Med. cxxiij. *Vi-*
pera Anglica fuſca, dorſo linea undulata
nigricante conſpicua, Petiv. Muſ. 17. n.
103. *Anguis cinerea, macula dorſi fuſca*

longitudinali dentata, Act. Upf. 1736.
p. 11. n. 4. *Anguis fcutis abdominalibus*
144, *Squamis caudæ* 39, Amph. Gyllenb. Linn. Faun. Suec. 260. *Vipera vul-*
garis, Nonnull.

Selon M. *Charas*, les Vipères mâle
& fémelles que nous avóns en France
ayant pris leur croiffance, font par le
milieu du corps, de la groffeur d'un
bon pouce; mais celui des fémelles eft
plus gros, lorfque leurs Vipereaux font
prêts à voir le jour. Elles ont d'ordinaire
deux bons pieds de long : il s'en trouve
même qui ont quelque chofe de plus.
Leur tête qui eft platte, a comme un
rebord autour des extrémités de fa partie
fupérieure, & elle diffère en cela des
Couleuvres qui ont tout ce tour émouffé
& rabattu, & la tête plus pointue & plus
étroite à proportion de leur corps. La
tête de la Vipère a en tout un pouce de
long, & vers fon fommet elle eft de
fept à huit lignes de large ; puis diminuant peu-à-peu, fa largeur n'eft plus
que de quatre ou cinq lignes à l'endroit
des yeux, & de deux lignes feulement
vers le bout du mufeau. Elle a deux lignes
& demie de hauteur ou d'épaiffeur. Son
col confidéré dans fon commencement,
eft d'environ de la groffeur du petit

doigt : celui des mâles eſt ordinairement
tant ſoit peu plus gros que celui des
fémelles. Il s'en trouve néanmoins quelques-unes qui étant pleines paroiſſent
avoir le col plus gros même que n'eſt
celui des mâles : la queue de ceux-ci
eſt toujours plus longue & plus groſſe
que celle des fémelles, à cauſe qu'elle
contient les deux membres qui ſervent à
la génération, outre les deux véſicules
ſeminales. Elle a environ quatre travers
de doigt de longueur ; mais celle des
fémelles n'en a guères que trois. Le haut
de la queue des mâles eſt dans ſon commencement aſſez conforme en groſſeur
à leur col, & finit en pointe de même
que la queue des fémelles : mais elles ne
piquent ni l'une ni l'autre, & n'ont aucun venin.

La Vipère a la peau marquetée : mais
le fond de la couleur varie : car il eſt
tantôt blanchâtre, tantôt rougeâtre, tantôt gris, tantôt jaune, & tantôt tanné.
Ce fond eſt toujours ſemé de taches
noires qui paroiſſent comme des carac-
tères arrangés par des eſpaces aſſez égaux
& relatifs les uns aux autres, ſur-tout
au-deſſus & aux côtés du corps : il y en
a auſſi ſur la tête, & entr'autres deux en
forme de cornes qui prennent naiſſance

entre les deux yeux, qui s'ouvrent &
s'étendent vers les deux côtés du sommet
de la tête, & qui quelquefois ont chacune quatre ou cinq lignes de long, &
une demi-ligne de large. Vis-à-vis le
milieu de ces deux cornes se présente
une tache de la grandeur d'une petite
Lentille en forme de fer de pique, qui
étant comme la première de toutes ces
taches semble les guider tout du long de
l'Epine du dos. La peau est entièrement
couverte d'écailles, dont les plus fortes
sont celles qui sont au-dessous de tout le
corps : leur grandeur & leur force sont
nécessaires, parcequ'elles fortifient la
Vipère dans l'endroit le plus foible; d'ailleurs elles la soutiennent, & lui servent
comme de pieds pour ramper & pour
porter son corps çà & là. Ces grandes
écailles sont toujours de couleur d'Acier
d'un bout à l'autre, & différent de celles
des Couleuvres qui sont d'ordinaire
marquetées de couleur jaune. Elles s'ouvrent & s'acrochent lorsqu'elle veut re-
culer ou s'arrêter. L'extrémité de ces
grandes écailles est comme cousue au-bas
d'autres petites écailles qui couvrent tout
le corps. Ces petites écailles sont mer-
veilleusement bien arrangées, & couchées les unes sur les autres, à-peu-près

comme ces rangs de petites Ardoiſes taillées en demi - rond qu'on voit ſur les toits en quelques endroits. On ne remarque que ſix ouvertures à la peau de la Vipère : la plus grande eſt celle de la gueule ; les autres ſont celles des deux narines, & celle qui eſt au-bas du ventre, joignant le commencement de la queue, laquelle renferme non-ſeulement le trou de l'inteſtin deſtiné pour vuider les excrémens, mais auſſi ceux des parties de la génération, tant des mâles que des fémelles. Cette ouverture eſt bouchée par la dernière des grandes écailles qui eſt avancée en forme de demi-rond, & qui s'ouvre en s'abbaiſſant au temps du coït, de même que quand les Viperaux naiſſent, ou que les Vipères vuident leurs excrémens. La gueule s'ouvre & ſe ferme au gré de l'Animal ; les narines demeurent toujours ouvertes, & les yeux ont des paupières pour les couvrir au beſoin. Il n'y a point d'ouverture dans la peau pour donner paſſage à l'Ouïe, la Nature y employant les ouvertures des narines. Les Vipères quittent pour l'ordinaire deux fois l'année cette peau écailleuſe, ſous laquelle elles ſe trouvent revêtues d'une qui eſt toute formée, & qui paroît d'abord bien plus belle &

A iv

d'une couleur beaucoup plus éclatante
que celle qu'elles ont quittée. Il s'en forme encore insensiblement une nouvelle
qui se prépare aussi pour servir à son
tour, lorsque celle qui la couvre se sé-
parera ; ensorte que la Vipère a en
tout temps une double peau : & toutes
ces peaux, quoique garnies d'écailles,
sont néanmoins transparentes quand on
les regarde à travers le jour.

Le museau de la Vipère est composé
d'un os en partie cartilagineux & recouvert de la péau écailleuse. Il y a de chaque côté deux conduits qui forment les
narines, lesquelles ont chacune une petite ouverture ronde, & leur nerf propre qui leur communique l'odorat. Les
mêmes conduits servent aussi à recevoir
deux petits nerfs qui sortent chacun de
la partie latérale du crâne pour porter
aux narines la faculté de l'Ouïe. Tout
le crâne est d'une substance fort compacte & fort dure. Il y a trois sutures
principales dans sa partie supérieure où
l'on remarque la forme d'un cœur bien
représenté & situé dans son milieu, &
une autre grande suture tout - autour des
parties latérales inférieures du crâne.
Toutes les sutures du crâne sont si bien
unies dans leur jonction, qu'il est fort

difficile de les diftinguer, & encore plus d'en féparer les parties fans les caffer, à moins qu'on ne faffe bouillir le crâne dans quelque liqueur. La fubftance du cerveau eft divifée en cinq corps principaux, dont les deux premiers ronds & longuets font fitués entre les deux yeux ; & c'eft de ces corps que partent les nerfs de l'odorat. Les trois autres font dans la partie moyenne du crâne ; deux fitués en la partie fupérieure à côté l'un de l'autre : mais le troifième qui eft tant foit peu plus petit, eft fitué fous le milieu des deux précédents, & peut être nommé le Cervelet. La moëlle fpinale femble être un même corps avec ce dernier, quoiqu'elle ait fa place féparée dans la partie poftérieure du crâne ; elle eft d'une fubftance un peu plus blanche & plus molle que les corps dont nous venons de parler, & de la groffeur d'un petit grain de Froment : elle produit un corps de même fubftance qui s'étend en long, & qui paffant en droite ligne à travers toutes les vertèbres de l'Epine du dos vient aboutir à l'extrémité de la queue. Les corps du Cerveau font couverts d'une tunique affez épaiffe & qui leur eft affez adhérante, qu'on peut nommer Dure-Mère : elle eft de couleur

A v

noire ; d'où il est arrivé que quelques
Auteurs qui n'avoient pas pris la peine de
regarder sous la tunique, ont dit que le
Cerveau de la Vipère étoit de couleur
noire. Au-dessous de cette Dure-Mère,
chaque corps a encore une petite membrane qui l'enveloppe séparément, qu'on
peut nommer Pie-Mère.

Les yeux de la Vipère sont fort vifs,
& leur regard est fort fixe & fort hardi :
ils ont leurs nerfs, leurs muscles, leurs
veines, leurs artères, leur prunelle,
leur crystallin, leur uvée, leur cornée,
leurs paupières, & leurs autres parties
assez conformes à celles des yeux des autres animaux. La mâchoire supérieure est
divisée en deux sur le devant, & séparée par l'os cartilagineux du museau, où
ses deux bouts sont articulés de chaque
côté ; & les grosses dents situées de chaque côté hors de leur rang, leur servent
de défense. La mâchoire inférieure est
aussi divisée en deux. Les deux mâchoires
sont attachées par-devant l'une à l'autre
au moyen d'un muscle qui les ouvre ou
resserre au gré de l'Animal. Les opinions
des Anciens ont été fort partagées touchant le nombre des grosses dents de la
Vipère. La plûpart ont voulu que la plu-
ralité de ces grosses dents fût une des

principales marques par lesquelles on devoit distinguer la fémelle d'avec le mâle : mais on trouve tantôt plus & tantôt moins de dents à l'un & à l'autre sexe. Quoiqu'on ait quelquefois rencontré par hazard de chaque côté deux grosses dents fixes situées près-à-près aussi bien aux mâles qu'aux fémelles, on ne rencontre ordinairement dans les deux sexes qu'une grosse dent fixe de chaque côté, environnée jusques vers les deux tiers de sa hauteur d'une tunique ou vésicule assez épaisse, remplie d'un suc jaunâtre transparent & médiocrement liquide ; & dans cette vésicule, au milieu du suc en question sous la grosse dent, un nombre différent de dents mal plantées, les unes plus longues que les autres, toutes crochues, dont on compte depuis deux jusqu'à cinq, six ou sept, du même côté. Ces grosses dents sont seulement en la partie supérieure, situées latéralement hors des mâchoires où elles sont comme des boulevards ; elles ont environ deux lignes de long ; elles sont crochues, blanches, creuses, diaphanes par-tout jusques près de leur pointe qui est très-subtile & très-perçante. Elles ont plusieurs petits creux vers leur racine, dans lesquels les autres dents sont plantées. Ces dents demeurent d'ordinaire couchées le long de la mâchoire, & leur pointe ne paroît qu'au moment que la Vipère veut mordre ; car alors elles les redresse & les avance conjointement avec la mâchoire supérieure tirée par l'os qui d'un bout est articulé dans son milieu, & de l'autre à la racine de la grosse dent. Le suc jaune contenu dans la vésicule à humecter les ligamens, & à les rendre propres au fléchissement des dents, mais aussi à les nourrir & à faire croître celles qui y sont comme dans une pépinière, & s'il faut ainsi dire, comme des dents d'attente, pour servir en la place des principales, soit qu'elles manquent par effort, soit qu'elles tombent d'elles mêmes. Toutes les mâchoires de dessus & de dessous sont munies de dents crochues, creuses, diaphanes, & subtiles, de même que les grosses dents canines ; mais elles sont beaucoup plus petites. Leur nombre est assez incertain, soit que la Nature en forme tantôt plus, tantôt moins, soit que leur subtilité les rende cassantes. Il n'y a guères de différence pour le nombre de celles de dessus à celles de dessous. On compte ordinairement huit dents à chaque mâchoire, mais on y en trouve quelque-

fois neuf, dix ou onze. Les plus avan-
cées font tant foit peu plus grandes que
les plus profondes. Il y a une grande différence des dents & des mâchoires de
la Vipère à celles de la Couleuvre ; car
celle-ci n'a point de dents canines : mais
elle furpaffe la Vipère pour le nombre
des mâchoires & des dents, vû qu'elle
a quatre mâchoires fupérieures, & deux
inférieures, avec treize dents à chaque
mâchoire fupérieure externe, autant à
chacune des inférieures, & vingt à chaque mâchoire fupérieure interne ; enforte qu'on peut compter jufqu'à 92.
dents en une feule Couleuvre : & toutes
ces dents font crochues, fubtiles, creufes, blanches & diaphanes de même
que celles des Vipères.

L'opinion des Anciens, que le fiége
du venin de la Vipère étoit au fiel, &
que delà il montoit aux gencives par des
vaiffeaux affez mal imaginés, ayant été
démontrée fauffe par les Obfervations
curieufes de M. *Rédi*, Gentil-homme
Florentin, dont le mérite eft connu de
tous les Sçavans, je n'ai point du tout
appréhendé, dit toujours M. *Charas*,
de goûter plufieurs fois du fiel de la
Vipère ; de même que du fuc jaune
contenu dans les véficules des gencives ;

& j'ai trouvé en l'un & en l'autre la vérité de tout ce qu'il y a remarqué, sçavoir
une grande amertume & une grande
acrimonie au fiel , & un goût de falive affez fade & affez approchant du
goût de l'huile d'amandes douces , au
fuc jaune des gencives. Enfin, après bien
des recherches, j'ai découvert des glandes
des falivaires propres à former ce fuc,
& à l'envoyer aux gencives. Ces glandes
qui fe trouvent dans toutes les têtes des
Vipères tant mâles que fémelles , font
fituées aux deux côtés du crâne en la
partie poftérieure de chaque orbite.
Chaque glande a fon petit vaiffeau lym-
phatique , lequel va fe dégorger dans
un vaiffeau plus grand qui vient fe rendre dans la véficule de la gencive. La Vipère n'eft pas la feule entre les Serpens
qui ait des glandes falivaires ; car j'en ai
auffi trouvé dans la tête des Couleuvres.

Le grand nombre des os qui reftent
au corps de la Vipère après ceux de la
tête , ne confifte qu'en vertèbres & en
côtes. Les vertèbres commencent à la
partie poftérieure du crâne , à laquelle la
première eft articulée ; les autres font
arrangées de fuite , fortement articulées
l'une à l'autre , continuent jufqu'à l'extrémité de la queue. Chaque Vipère tant

mâle que fémelle a cent quarante-cinq vertèbres depuis la fin de la tête jufqu'au commencement de la queue, & deux cens quatre vingt - dix côtes, qui eft le nombre double des vertèbres, à chacune defquelles il y a deux côtes articulées, une de chaque côté. Outre cela, il y a vingt-cinq vertèbres depuis le haut de la queue jufqu'à fon extrémité; & ces vertèbres n'ont plus de côtes; mais elles ont en leur place de petites apophyfes qui diminuent en grandeur de même que les vertèbres en tendant vers le bout de la queue. Les vertèbres font creufes dans leur milieu, & reçoivent le corps de la moëlle qui part du derrière de la tête, qui fournit autant de paires de nerfs qu'il y a de vertèbres, & qui continue jufqu'à l'extrémité de la queue. Il y a quatre grands mufcles qui prennent leur origne du derrière de la tête, & qui defcendent deux de chaque côté des apophyfes épineufes, l'un joignant l'Epine, & l'autre un peu au-deffous du premier qu'il accompagne jufqu'au bout de la queue; deux autres grands mufcles de pareille longueur qui font attachés à la partie intérieure des vertèbres, & qui les accompagnent d'un bout à l'autre, de même que les fupérieurs. Nous remarquons aussi de chaque côté autant de muscles intercostaux qu'il y a de vertèbres, servant au même usage que ceux des autres Animaux, qui séparent les côtes depuis leur racine jusqu'à leur pointe. Tous ces muscles sont accompagnés de veines & d'artères, ainsi que les plus grands.

Quant aux parties internes de la Vipère, la langue qu'elle lance en dehors & qu'elle retire souvent & fort vîte, se présente la première. Elle est située entre les deux mâchoires inférieures, & composée de deux corps charnus, longs & ronds, qui finissent en pointes fort subtiles. Ces deux corps contigus adhérent l'un à l'autre depuis leur racine jusques vers les deux tiers de leur longueur. La moitié interne de ces corps est de couleur de chair ; mais l'autre moitié, celle qui est souvent poussée hors de la gueule, est de couleur noirâtre. La Langue peut avoir en tout un pouce & demi de long. Il y a des Vipères dont la langue a tantôt trois, & tantôt quatre pointes. Ces pointes, quoique souvent dardées, ne piquent point, & ne font mal à personne ; elles pourroient néanmoins donner de la terreur à ceux qui ne le sauroient pas. Elles servent principalement aux

Vipères pour attraper de petits Animaux qu'elles veulent dévorer. La langue eſt enveloppée d'une eſpèce de guaîne d'un bout à l'autre.

La Trachée - Artère a ſon commencement à l'entrée de la gueule où elle préſente un trou ovale, relevé en haut, & qui a comme un petit bec en ſa partie inférieure. Elle eſt d'abord compoſée de pluſieurs anneaux cartilagineux joints les uns aux autres, qui continuent environ la longueur d'un bon pouce, & ſe jettent dans le côté droit de la Vipère où ils rencontrent le Poumon. La Trachée - artère a en tout huit ou neuf pouces de long. Le Poumon eſt fait en forme de rets ; il n'a aucun lobe ; il eſt d'une couleur rouge fort claire & fort vive, d'une ſubſtance aſſez mince, aſſez tranſparente, & un peu ridée ; il y a ſept ou huit pouces de long, & un petit travers de doigt de large ; il eſt tout parſemé de veines & d'artères.

Le cœur & le foye ſont auſſi ſitués au côté droit de la Vipère, & au - deſſous du Poumon. Le cœur eſt de la groſſeur d'une féverolle, longuet, charnu, environné de ſon Péricarde qui eſt compoſé d'une tunique aſſez épaiſſe ; il y a deux ventricules, l'un du côté droit,

& l'autre du côté gauche. Le sang qui vient de la Veine - cave entre dans le ventricule droit, & se jettant dans la gauche il en sort par l'Artère - Aorte qui se divise d'abord en deux gros rameaux dont l'un monte vers les parties supérieures, & l'autre passant au-dessous de l'Œsophage se divise dans la suite en plusieurs rameaux qui sont portés à toutes les parties jusqu'au bout de la queue. Le foye est un corps charnu, de couleur rouge-brune, situé un peu au - dessous du cœur. Sa longueur & sa grosseur sont assez inégales ; mais les plus grands foyes ont jusqu'à cinq & six pouces de long, & un demi - pouce de large. Le foye est composé de deux grands lobes, dont le droit descend un bon pouce plus bas que le gauche.

La Vipère est dépourvue de Diaphragme. La vésicule du fiel est située un travers de doigt au-dessous du foye ; elle est presque de la forme & de la grosseur d'une petite Fève couchée sur son plat. Le fiel est d'une couleur fort verte ; son goût est très - amer & très - âcre, sa consistance approche de celle d'un syrop peu cuit. Ce suc a une qualité balsamique, & est exempt de toute sorte de venin. Le Pancreas que tous les Auteurs ont nommé

ratre, est situé tant soit peu au-dessous
du fiel & au côté droit de la Vipère. Il
est de la grosseur d'un bon Pois, d'une
substance charnue en apparence, mais en
effet glanduleuse.

L'Œsophage prend son commencement au fond du gosier ; sa situation est
au côté gauche, & son chemin est tout
droit au côté du Poumon & du Foye
jusqu'à son union avec l'orifice de l'Estomac. Il est composé d'une seule membrane fort molle qui s'étend fort aisément. C'est lui qui reçoit le premier tous
les Animaux que la Vipère a tués avec
ses grosses dents, & qu'elle a avalés tout
entiers, étant propre à cela tant par sa
large capacité, que par sa longueur qui
est d'un bon pied. L'Estomac qui le suit
est beaucoup plus épais, & composé de
deux fortes tuniques adhérantes l'une
à l'autre. Il y a trois à quatre pouces de
long ; son orifice est assez large de même que son milieu ; mais son fond va
en rétrécissant, & ne s'ouvre que pour
rejetter ses excrémens dans les intestins.
Ces intestins ont à leurs côtés les Testicules, les deux corps de la Matrice, &
les Reins avec leurs vaisseaux. Les Reins
sont composés de plusieurs corps glandu-
leux & contigus ; ils sont de couleur rou-

ge-pâle : le droit eſt toujours ſitué plus haut que le gauche en l'un & l'autre ſexe. Tous les inteſtins , les Teſticules & les Reins ſont couverts d'une graiſſe fort blanche & fort molle , laquelle étant fondue demeure en forme d'huile.

Le mâle a deux Teſticules de forme longue & arrondie , de couleur blanche & de ſubſtance glanduleuſe. Leur longueur eſt inégale ; le droit a plus d'un pouce de long , le gauche eſt plus court & un peu moins gros. Le mâle a auſſi deux parties naturelles toutes pareilles ſituées ſous la queue l'une près de l'autre , compoſées chacune de deux corps longs & caverneux qui ſe joignent vers leur ſommité , remplie en dedans de pluſieurs aiguillons fort blancs , durs pointus & piquants qui y ſont plantés , & qui ont leur pointe diverſement tournée.

La femelle a deux Teſticules comme le mâle & de la même forme , mais plus longs & plus gros , ſitués aux côtés & vers le fond des deux corps de la Matrice, leſquels ont leur Epididyme & leurs vaiſſeaux ſpermatiques bien plus courts que ceux du mâle. La Matrice commence par un corps aſſez épais, compoſé de deux fortes tuniques , ſitué au-

...eſſus de l'inteſtin, ayant au même lieu
...on orifice qui eſt large, & qui ſe dilate
...iſément pour recevoir tout à la fois les
...eux parties naturelles du mâle dans le
...oït. Ce corps ſe diviſe fort près de ſon
...ommencement en deux petites poches
...uvertes au fond, dont la tunique inté-
...ieure eſt dure & pleine de rugoſités. La
...Matrice commence par deux petites
...poches à ſe diviſer en deux corps qui
...montent chacun de leur côté le long des
...Reins juſques vers le fond de l'Eſtomac.
...Ces deux corps ſont compoſés de deux
...tuniques molles, minces, & tranſpa-
...rentes : ils ſe dilatent fort aiſément pour
...contenir un grand nombre de Viperaux
...juſqu'à leur perfection. La Vipère n'eſt
...pas la ſeule d'entre les Serpens qui ait
...ſa Matrice diviſée en deux corps ſem-
...blables, ſitués de chaque côté le long
...des inteſtins qui les ſéparent ; car on re-
...marque la même choſe dans la Cou-
...leuvre. Ainſi les œufs ſont d'abord for-
...més dans les deux corps de la Matrice,
...étant couverts chacun de leur petite tu-
...nique ; enſorte que tous ceux du même
...corps ſont enveloppés enſemble par une
...membrane commune qu'on peut appeller
...leur ovaire, qu'ils y prennent leur ac-
...croiſſement, que les Viperaux s'y for-

ment & s'y perfectionnent, qu'ils en
fortent les uns après les autres par la même voye par où la fémence du mâle est
entrée, & qu'ils naiffent vivants de même que plufieurs autres Animaux, fans
qu'il y ait aucune néceffité que la main
de la mère intervienne. On a feulement
remarqué que le corps droit de la Matrice eft ordinairement bien plus rempli d'œufs & de Vipereaux que le gauche; que le nombre des œufs eft affez
inégal; qu'il n'y en a quelquefois vingt
ou vingt-cinq, & quelquefois la moitié
moins; que les Vipereaux prennent leur
forme & leur perfection dans l'œuf où
ils font diverfement fitués & entortillés
qu'ils ont chacun dans leur œuf une efpèce d'arrière-faix qui pend à leur nom-
bril, & par lequel ils tirent leur nourriture; qu'en naiffant ils l'entraînent
avec eux; qu'ils en font en partie enveloppés; qu'enfin leur mère les en déli-
vre, & les nétoye en les léchant lorfqu'ils font nés. On ne fçait donc fur quoi
les Anciens qui ont écrit de la Vipère fe
font fondés quand ils ont dit que dans
le temps du Coït le mâle introduifoit fa
tête dans la gueule de la fémelle, &
qu'il y verfoit fa fémence qui tomboit
de-là dans la Matrice où elle formoit pre-

nièrement des œufs, & ensuite des Vipereaux ; que la fémelle se sentant cha-
ouillée par cette emission de semence
coupoit avec les dents la tête de son
mâle, & que les Vipereaux étant prêts à
naître perçoient la Matrice & les flancs
de leur mère, pour se faire passage ; de
sorte qu'en lui donnant la mort ils van-
geoient en quelque sorte celle de leur
père.

La Vipère rampe lentement ; elle ne
bondit ni ne saute jamais. Quand on lui
fait du mal & qu'on l'irrite, elle devient furieuse & fait des morsures très-
perçantes : mais elle n'attaque jamais ni
les hommes ni les bêtes, si l'on ne lui
en donne sujet. Elle attaque & tue néanmoins les Animaux qu'elle veut dévorer
pour sa nourriture, comme les Cantha-
rides, les Scorpions, les Grenouilles,
les Souris, les Taupes, les Lézards,
& d'autres semblables qu'elle avale tout
entiers, après les avoir tués avec ses
grosses dents. Elle met les plus petits
dans son Estomac, & fourre les plus
gros en partie dans son Estomac, & en
partie dans son Œsophage. Mais à peine
se peut-il faire aucune digestion parfaite
dans l'Estomac de la Vipère, tant parceque la chaleur n'y est pas assez forte,

à cauſe de la grande ouverture qu'il
a à l'embouchure où aboutit l'Œſophage, que parcequ'elle n'a pas aſſez d'humidité pour aider à la fermentation &
à la cuiſſon des alimens. Cela n'empêche
pourtant pas que le ſuc & la plus ſub-
tile partie des alimens ne ſoient portés
toutes les parties de ſon corps pour
nourrir ; ce qui ne ſe fait que dans l'eſpace de pluſieurs jours, pendant leſquels
les excrémens ſont envoyés aux inteſtins
& les parties les plus groſſières rejettées
par la gueule. Les Vipères peuvent vivre pluſieurs mois ſans aucune nourriture, & ne mangent plus dès qu'on les a
priſes ; car alors elles ne ſe nourriſſent
plus que de l'air qu'elles reſpirent. Leur
ſubſtance viſqueuſe & compacte ne ſe
diſſipe qu'avec peine : leur peau écailleuſe qui les défend des injures de l'air
fait que les eſprits s'uniſſent ſi fortement avec le corps, qu'ils ne l'abandonnent que très-difficilement ; & l'on
voit qu'ils demeurent encore pluſieurs
heures dans la tête & dans toutes les
parties du tronc après qu'il a été écorché,
vuidé de toutes ſes entrailles, & coupé
en pluſieurs morçeaux. C'eſt ce qui fait
que le mouvement y continue fort long-
temps ; que la tête eſt en état de mordre,

dre, & que sa morsure est aussi dangereuse que quand la Vipère étoit tout entière, & que le cœur même arraché du corps conserve son battement pendant quelques heures. La Vipère ne rend pas beaucoup d'excrémens, & même ils ne sont pas puants; au lieu que ceux de la Couleuvre le sont beaucoup, & ont une puante odeur d'urine gardée & corrompue. Les Vipères ne font point de trou dans la terre pour s'y cacher comme font les autres Serpens, mais elles se cachent d'ordinaire sous des pierres ou sous de vieilles masures où elles se trouvent assez souvent entassées & entortillées en grand nombre. Quand il fait beau, elles se cachent aussi sous des buissons & sous des herbes touffues. Elles s'accouplent ordinairement deux fois l'année; elles commencent au mois de Mars, & portent quatre ou cinq mois leurs Vipereaux. Tous les ans elles quittent leur peau au Printemps, & même quelquefois en Automne.

Nous avons, continue M. *Charas*, trouvé fort véritable ce que M. *Redi* a dit des effets de l'essence de Tabac sur la Vipère; sçavoir, que perçant sa peau avec une aiguille enfilée d'un fil trempé dans cette essence & laissant ce

fil dans la peau , la Vipère meurt en
moins d'un quart-d'heure, & qu'elle devient dure comme bronze : mais bien-tôt
après elle devient souple & pliante,
comme s'il y avoit deux jours qu'elle fût
morte. Nous avons aussi éprouvé qu'un
brin de Tabac en corde mis & tenu dans
la gueule de la Vipère , & que la fumée
du même Tabac poussée dans sa gueule,
produisent un pareil effet, mais un peu
plus lentement ; que l'un & l'autre cau-
sent des convulsions & des retractions
extraordinaires à la Vipère suivies de
la mort , & que quand toutes les autres
parties du corps sont privées de mouvement, le cœur bat encore environ demi-
heure après : enfin, que le même Tabac,
ou son essence, fait mourir les Couleuvres de même que les Vipères. La Vipère
plongée dans de l'Esprit-de-Vin peut y
résister une bonne heure avant que d'y
être étouffée. La salive de l'homme, même à jeun , ne lui fait point de mal. Plusieurs Auteurs ont écrit que la Vipère
avoit une très-grande antipathie contre
le Frêne , & que si l'on mettoit une Vipère vivante dans un rond dont une moitié fut de feuilles de Frêne & l'autre
moitié de charbons allumés , la Vipère
aimeroit mieux s'exposer à être brûlée ,

que d'approcher des feuilles de Frêne : mais nous avons reconnu le contraire ; car ayant fait un rond entier de feuilles de Frêne qui avoit environ trois pieds de diamètre, nous posâmes au milieu une Vipère qui d'abord s'alla cacher sous ces feuilles.

Quant au différend qui est entre M. *Redi* & moi, il roule principalement sur ce qu'il prétend que le suc jaune contenu dans les vésicules des gencives de la Vipère est le seul & véritable siége de son venin ; que ce suc n'est pas venimeux étant pris par la bouche, mais qu'il l'est dans les morsures que la Vipère fait pendant qu'elle est en vie, & même dans celles qu'on peut lui faire faire plusieurs jours après qu'elle est morte, pourvu que le suc jaune y intervienne ; que le même suc tiré d'une Vipère vivante, aussi-bien que celui d'une Vipère morte, est toujours venimeux s'il est introduit dans des playes, & mêlé avec le sang de l'Animal blessé, soit qu'on s'en serve étant liquide, ou après l'avoir desseché & mis en poudre ; enfin, qu'il tue généralement toutes sortes d'Animaux, dans les playes desquels on l'aura introduit. Et moi, ne pouvant avouer de tous ces articles que celui qui concerne l'innocence du suc jaune pris par la bouche , & m'oppofant à tous les autres , je dis que le venin de la Vipère n'eft que dans les efprits irrités ; que le fuc jaune tant de la Vipère vivante & même très-irritée , que de celle qui eft morte ou nouvellement , ou depuis plufieurs jours , n'a aucun venin en foi , ni dans la morfure , ni pris intérieurement , ni introduit dans les playes , ni mêlé avec le fang , ni enfin de quelque manière qu'on puiffe l'employer ; qu'il ne tue & n'infecte aucune forte d'Animaux , & qu'il n'eft qu'une pure & très - innocente falive. Ainfi le venin de la Vipère n'eft ni groffier ni matériel , mais invifible & tout fpiritueux.

Jufqu'ici nous avons fuivi uniquement M. *Charas* dans la defcription anatomique qu'il nous a donnée de la Vipère , & nous avons trouvé cette defcription également exacte & curieufe. Notre deffein n'eft pas d'agiter de nouveau la fameufe queftion fi débattue entre lui & *Redi* touchant le fiége du venin de la Vipère ; nous craindrions en le faifant de fatiguer le lecteur par des répétitions ennuyeufes , d'autant plus qu'il eft depuis long-temps en poffeffion des pièces du procès , & par - là en état de juger. Voyons maintenant ce que M. *James* dit de la Vipère d'après le *Traité des Venins* de M. *Mead*. Voici comme il s'exprime.

La Vipère a deux sortes de dents ; sçavoir, de grosses dents dans lesquelles le venin réside , & de petites. Les premières sont attachées à l'os de la mâchoire supérieure ; elles sont crochues & courbées, comme les dents canines de la plupart des Animaux carnassiers. Elles sont visiblement creuses jusques près de leur pointe qui est très - dure & très - perçante pour qu'elles pénètrent mieux dans la peau ainsi qu'il est aisé de s'en appercevoir en cassant les dents par le milieu. Cette cavité se termine à la partie convèxe de la dent par une petite fente visible exactement semblable à celle d'une plume à écrire , & qui donne passage au venin. *Galien* décrit assez bien cette structure, lorsqu'il dit que les Charlatans se laissent mordre par les Vipères , après avoir eu soin de boucher auparavant avec de la pâte les ouvertures de leurs dents qui donnent passage au venin , afin de faire croire par - là aux Spectateurs qu'ils se garantissent de ses mauvais effets par le moyen de leur antidote. La Nature n'a donné une figure crochue à ces dents

qu'afin que leur pointe, lorſque la Vipère veut mordre, ſe trouve perpendiculaire à la partie ; car cet Animal étant
obligé de lever la tête pour cet effet,
ſi la dent qui eſt attachée à la mâchoire
étoit droite, elle ne pourroit à cauſe de
ſa diſpoſition oblique pénétrer avec aſſez
de force ni aſſez avant dans la chair.

J'ai découvert outre ces dents veni-
meuſes qui ſont pour l'ordinaire attachées perpendiculairement au nombre
d'une, de deux ou trois de chaque côté,
au premier os de la mâchoire ſupérieure, quelques autres dents plus petites qui tiennent au même os : leurs pointes ſont extrêmement dures & fendues
de même que celles des autres : mais
leurs racines ſont molles & mucilagi-
neuſes comme les racines des dents des
enfans, & elles ſont toujours couchées
le long de la mâchoire. Elles ſe détachent
de l'os pour peu qu'on les touche ; ce
qui a fait croire à quelques Anatomiſtes
qu'elles tiennent aux muſcles ou aux tendons, puiſque ſans cela elles euſſent été
tout-à-fait inutiles ; elles ſont faites pour
remplacer celles des groſſes qui viennent à
tomber par quelque accident : auſſi ſe dur-
ciſſent & croiſſent - elles inſenſiblement
au point de devenir à la fin perpendicu-

laires à l'os. Une preuve qu'elles ne croiſſent pas toutes en même temps, c'eſt qu'il y en a qui n'ont aucune dureté, d'autres commencent à ſe durcir à leur pointe & ainſi de ſuite juſqu'à ce qu'elles ayent acquis toute leur groſſeur. Leur nombre n'eſt point fixe; car il s'en trouve quelquefois juſqu'à ſix ou ſept à chaque côté de la mâchoire, & quelquefois moins; & c'eſt ſaas doute ce qui a partagé les opinions des Anciens touchant le nombre des dents de la Vipère. Les dents venimeuſes ont dans la partie interne de leurs racines de petites ouvertures qui donnent paſſage aux vaiſſeaux qui leur apportent la nourriture dont elles ont beſoin. Il eſt bon de remarquer que la Nature a donné aux Vipères des dents dont la force eſt indépendante de l'âge, pour qu'elles puiſſent tuer leur proye dès le moment qu'elles viennent au monde. Les petites dents qui ſont celles de la ſeconde eſpèce, ſont crochues & recourbées comme les premières, à la réſerve qu'elles n'ont ni fente ni ouverture : elles forment quatre rangs, deux à chaque côté de la gueule; elles tiennent au troiſième os de la mâchoire ſupérieure, & au ſecond de l'inférieure. Elles ſervent à la Vipère à s'aſſûrer de ſa

B iv

proye dans le temps qu'elle mord, de peur qu'en se débattant pour s'échapper elle n'arrache les grosses dents.

Après avoir décrit les instrumens qui dardent le venin, je vais examiner ceux qui servent à le préparer & le contenir.

Cette liqueur est séparée du sang par une glande située de chaque côté de la tête dans la partie antérieure & latérale du Sinciput, directement derrière l'orbite de l'œil. Elle est immédiatement placée sous le muscle qui sert à abbaisser la mâchoire supérieure, de façon que celui - ci ne peut agir qu'il ne la presse; ce qui facilite la sécrétion de la liqueur qu'elle contient. Cette glande est conglomérée, ou composée de plusieurs autres glandes plus petites enfermées dans une membrane commune, dont chacune envoye un vaisseau excrétoire qui se dégorge dans un vaisseau plus grand, qui va se vuider dans la vésicule des gencives. Cette vésicule tient à la base du premier os de la mâchoire supérieure aussi-bien qu'à l'extrémité du second, & couvre la racine des grosses dents; elle en a une autre à son sommet dont la partie antérieure donne passage aux dents qui versent le Venin. Elle est composée de plusieurs fibres longitudinales & cir-

culaires, à l'aide defquelles elle fe ref-
ferre dans le temps que les dents fe lè-
vent ; & c'eft par le moyen de cette
contraction que le venin s'infinue dans
l'ouverture qui eft pratiquée à la racine
de la dent, & vient fortir par celle qui
eft vers fa pointe. On ne doutera point
de la vérité de ce que j'avance lorfqu'on
fçaura que pour m'en convaincre j'aî
coupé la tête à plufieurs Vipères vivantes, & que leur ayant fait ouvrir la gueule
en leur preffant le cou j'en ai vu jaillir
le venin comme d'une feringue. Lorfque
la Vipère refte tranquille avec la gueule
fermée, les dents demeurent couchées
& couvertes de la véficule extérieure :
mais lorfqu'elle veut mordre, elle ouvre
confidérablement la gueule, & en même
temps l'extrémité inférieure du fecond
des os communs s'avance à l'aide des
mufcles qui lui font propres, & tournant comme fur un centre pouffe en
avant les deux mâchoires qui fe tiennent
par leurs extrémités ; moyennant quoî
la partie inférieure du premier os de la
mâchoire fupérieure s'avance, l'autre extrémité tournant dans la cavité de fon
articulation où elle eft attachée par des
ligamens. Les dents fe trouvant redreffées
à l'aide de ce mécanifme, les véficules

B v

dont elles étoient couvertes sont poussées en arrière par la contraction de leurs fibres longitudinales , en même temps que les circulaires compriment la poche interne , & obligent le venin de s'insinuer dans la dent. Au reste, la Vipère ne mord jamais qu'elle n'enfonce ses dents jusqu'à la racine, & par-là les vésicules souffrent une compression qui facilite encore mieux la sortie du venin. On remarquera que la Vipère peut mouvoir l'un des côtés de la mâchoire sans que l'autre remue , à cause qu'elles ne sont point articulées par leurs extrémités comme dans les autres Animaux ; ce qui lui est extrêmement avantageux dans la déglutition ; car tandis que les dents d'un côté restent immobiles & enfoncées dans la proye pour empêcher qu'elle n'échappe , celles de l'autre s'avancent en dehors pour mieux l'attirer en dedans & l'assujettissent jusqu'à ce que les premières s'avancent à leur tour : elles agissent ainsi successivement & poussent l'Animal entier (car la Vipère n'a ni dents incisives ni molaires pour le broyer) dans l'Œsophage , dont les fibres musculaires sont trop foibles pour pouvoir agir.

Il ne sera pas inutile avant que d'exa-

miner la nature de ce venin auſſi - bien
que la manière dont il agit, de faire ob-
ſerver au Lecteur que la Nature n'a
point eu deſſein en le produiſant de
nuire au genre humain, & que ſon uni-
que but, quoique des Auteurs ne l'ayent
point connu, a été de veiller à la con-
ſervation de l'individu qui ne ſçauroit
abſolument s'en paſſer ; car les Vipères
ſe nourriſſent principalement de Lézards, de Grenouilles, de Crapauds,
de Souris, de Taupes, & d'autres ſemblables Animaux, qu'elles avalent tout
entiers ſans les mâcher, & qu'elles lo-
gent dans leur Eſtomac ; ou ſuppoſé que
ce dernier ne ſoit pas aſſez grand pour
les contenir, partie dans l'Eſtomac &
partie dans l'Œſophage qui eſt membraneux & capable d'une grande diſten-
ſion, juſqu'à ce qu'ils ayent été diſſous
par les ſucs ſalivaires de ces parties ſe-
condés de l'action des fibres du ventricule & de la contraction des muſcles du
bas-ventre, en une ſubſtance fluide propre à leur ſervir de nourriture ; ce qui
demande beaucoup de temps. C'eſt ce
qui fait que ces Animaux peuvent vivre
trois ou quatre mois ſans aucune nourriture ; à quoi l'on peut ajoûter que
leur ſang étant plus groſſier & plus vif

B vj

queux que celui de la plûpart des autres Animaux, il s'en diffipe fort peu par la tranfpiration ; de forte qu'il n'a pas befoin d'être renouvellé fi fouvent. La raifon eft ici d'accord avec les découvertes qui ont été faites par le fecours du Microfcope ; car les mufcles de l'Eftomac n'ayant point affez de force pour broyer les alimens & les convertir en chyle, il faut néceffairement que le fang ait une confiftance épaiffe & vifqueufe. D'ailleurs, le cœur de la Vipère n'a proprement qu'un ventricule, & le fang y circule de la même manière que dans la Grenouille & la Tortue, dans lefquelles il ne paffe pas plus d'un tiers de ce fluide par les Poumons; ce qui fait qu'il eft beaucoup moins atténué par l'air que dans les autres Animaux. Au refte, une pareille façon de fe nourrir exige néceffairement que la proye périffe auffi-tôt qu'elle eft prife pour qu'elle puiffe defcendre dans l'Eftomac ; car on ne doit point croire que la force de ce vifcère fût feule fuffifante pour la faire mourir, la fubtilité de l'Animal vivant jointe à la foibleffe des fibres étant plus que fuffifante pour éluder ce fort, comme en effet on trouve tous les jours des Animaux vivants dans l'Eftomac de ceux qui les ont dévorés. C'est à quoi sont destinés les dents & le venin qu'elles renferment, & l'on ne doit pas être surpris que la Vipère se serve quelquefois pour nuire aux hommes des moyens que la Nature lui a fournis pour tuer sa proye, sur tout lorsqu'elle devient enragée ou qu'on l'excite à mordre de quelque manière que ce soit. Ce suc venimeux est en si petite quantité, que ce n'est tout au plus qu'une goutte qui cause la mort; & de-là vient que les Auteurs se sont contentés d'éprouver les effets de cette morsure sur divers Animaux, sans examiner la contexture de la liqueur même. J'ai donc jugé à propos pour pouvoir connoître sa nature, de saisir plusieurs fois des Vipères de manière à ne pouvoir être mordu, & de les agacer au point de leur faire mordre quelque chose de dur & leur faire jetter leur venin; & l'ayant mis sur une plaque de verre j'ai examiné aussi exactement que j'ai pu les parties qui le composent, avec le Microscope.

Je n'ai d'abord découvert que quelques petites parcelles salines qui flottoient avec beaucoup de rapidité dans la liqueur, mais qui au bout de quelque temps se sont converties en des Crys-

taux extrêmement pointus & ténus, avec
des espèces de nœuds par-ci par-là d'où
ils paroiſſoient ſortir ; de ſorte que le
tout repréſentoit comme une toile d'A-
raignée, mais infiniment plus déliée ; &
cependant ces piquans tranſparents ont
une telle dureté, qu'ils ont reſté pluſieurs mois ſur le verre ſans recevoir aucune altération. J'ai fait pluſieurs eſſais
avec cette liqueur à deſſein de connoître
à quelle claſſe de ſels ces Cryſtaux ap-
partiennent ; & ce n'a pas été ſans difficulté, vu la petite quantité de liqueur &
les riſques dont ces ſortes d'expériences
ſont accompagnées, que je ſuis venu à
bout de découvrir qu'ils rougiſſent la
teinture de Tourneſol, de même que
les acides. Je n'ai pas ſi bien réuſſi dans
le mêlange que j'ai fait de cette liqueur
avec le ſyrop violat : il m'a ſemblé cependant qu'elle lui a donné une couleur
rougeâtre ; mais je ſuis pleinement convaincu qu'elle ne l'a point teint en verd,
comme elle l'auroit dû faire, pour peu
qu'elle eût été alkaline. Ceci doit ſuffire
pour faire ſentir la fauſſeté du ſenti-
ment de ceux qui ſans le ſecours
d'aucune expérience, & ſeulement pour
appuyer une hypothèſe qu'ils ont folle-
ment embraſſée, ont avancé que le venin

le la Vipère est un alkali, & qu'on doit
remédier par les acides. Mais il est beaucoup plus aisé de soutenir une fausse idée
par des raisonnemens captieux, que de
faire des expériences fidelles, & d'en dédui-
re des conséquences justes & nécessaires.
Cette découverte s'accorde parfaitement
avec une relation qui a été communi-
quée au Docteur *Tyson* par un homme
d'esprit, & qui est si propre à éclaircir
cette matière, que je vais la transcrire
ici dans les mêmes termes qu'elle a été
insérée dans les *Transactions Philosophiques*. Il dit donc qu'étant aux Indes, un
Indien vint se présenter à lui avec différentes sortes de Serpens, s'offrant de lui
montrer quelques expériences touchant
la force de leur venin. L'Indien en tira
d'abord un fort gros qu'il assûra ne faire
aucun mal; & en effet ayant fait une ligature à son bras, pareille à celle dont
on se sert pour la saignée, il le présenta
à nud au Serpent, après l'avoir irrité
pour se faire mordre : il ramassa le sang
qui couloit de la playe avec son doigt,
& le mit sur sa cuisse jusqu'à ce qu'il y en
eût une cueillerée. Il en prit ensuite un
autre appellé *Cobra de Capelo*, qui étoit
plus petit, & qu'il assûra être infiniment
plus venimeux. Pour prouver ce qu'il

avançoit, il le faisit par le cou, & ayant fait sortir environ un demi - grain de la liqueur contenue dans la vésicule des gencives, il la mit sur le sang qui s'étoit figé sur sa cuisse. Ce dernier entra aussi dans une fermentation violente de même que si l'on avoit versé dessus du levain de Bière , & devint d'une couleur jaunâtre.

Cette expérience , comme j'ai dit, s'accorde assez bien avec ce que j'ai avancé touchant la nature de de cette liqueur, car *Boyle* a prouvé, il y a long - temps, que le sang humain n'a aucune acidité; & *Pitcarn* a démontré que les substances acides des végétaux étant reçues dans l'Estomac acquièrent par l'action de cette partie , aussi-bien que par celle du cœur & des Poumons , après avoir passé dans les vaisseaux sanguins , une qualité alkaline; de manière que le fluide artériel doit être nécessairement regardé comme tenant de l'alkali, & qui étant mêlé avec une liqueur de même nature que la sanie de la Vipère doit , suivant les principes de la Chymie , produire un phénomène semblable à celui qu'on vient de rapporter.

Sans nous engager plus avant (c'est toujours M. *James* qui parle) dans ces sortes de controverses, voyons si nous ne pourrions point tirer des Observations précédentes quelque éclaircissement sur la nature & la cause des symptômes qui accompagnent la morsure de la Vipère.

Je remarque d'abord que les sels piquants de ce venin étant poussés avec force dans la playe peuvent comme autant d'aiguillons, non-seulement irriter & déchirer les membranes sensibles, & attirer par conséquent une plus grande quantité de sucs animaux qu'à l'ordinaire, comme il paroît par la doctrine de *Bellini de stimulis*, au moyen de quoi il faut nécessairement que la partie lésée s'enfle, s'enflamme & devienne livide ; mais encore désunir tellement les parties du sang avec lequel ils se mêlent, que sa crase soit tout-à-fait altérée, & qu'il résulte des différentes cohésions de ses globules, des dégrés de fluidité & d'impulsion vers les parties si différents de ceux que la liqueur avoit auparavant, qu'il change entièrement de nature.

Voilà ce qu'en dit M. *James*, ou plutôt M. *Mead* qu'il n'a fait que copier, comme il l'avoue lui - même.

Il se trouve plus ou moins de Vipères dans plusieurs Provinces de France, mais sur-tout dans le Dauphiné, dans le Lyonnois, & dans le Poitou. Néanmoins comme il est dit dans les *Mémoires de l'Acadé- mie Royale des Sciences*, bien que les Vipères soient assez communes, on ne sçait pas bien encore en quoi consiste leur venin ; & il ne faut pas s'en éton- ner ; car lorsqu'on veut manier ces Ani- maux pour considérer leurs dents & leurs gencives, on court toujours risque de payer cher la curiosité ; & plusieurs exemples font voir que l'on instruit ordi- nairement les autres à ses dépens. *Am- broise Paré*, premier Chirurgien de deux de nos Rois, *Charles IX.* & *Henri III*, ra- conte au 21ᵉ. Livre de ses œuvres, qu'é- tant à Montpellier à la suite du Roi *Char- les IX*, comme il vouloit considérer les dents d'une Vipère & les membranes de sa mâchoire supérieure qu'on prétend être le réservoir du venin, la Vipère le mordit à un doigt entre l'ongle & la chair. Le même accident arriva en l'an- née 1658 à un jeune Gentil-homme Al- lemand qui assistoit aux expériences que M. *Charas* faisoit du venin des Vipères ; & il s'en fallut peu que sa curiosité ne lui coûtât la vie. Un autre Curieux qui voulut voir les mêmes expériences que M. *Charas* recommença deux ans après, fut encore mordu d'une Vipère au doigt:

M. *Charas* lui-même en faisant de semblables expériences dans l'Assemblée de l'Académie Royale des Sciences, ne put éviter d'être mordu d'une Vipère, quelqu'adresse qu'il eût à manier ces Animaux.

Les Vipères les plus noires passent pour les plus venimeuses. On a prétendu que la Vipère ne pouvoit pas se replier sur elle-même comme les autres Serpens : mais nous avons éprouvé le contraire ; car nous avons trouvé plusieurs fois des Vipères qui se chaufoient au Soleil roulées sur elles-mêmes, la tête au centre des circonvolutions, entr'autres une qui quoique de grandeur médiocre contenoit partie dans son Œsophage & partie dans son Estomac un gros Lézard verd dont elle n'avoit encore digéré que la tête. En général les Serpens ont un mouvement libre de toutes parts, en sorte qu'ils peuvent tourner leur corps du côté qu'il leur plaît. Selon *Derham*, les apophyses des vertèbres de la Vipère sont plus courtes, sur-tout vers la tête : c'est pour cela que ce Serpent renverse facilement la tête, & la tourne de côté. Elles sont couvertes d'un grand nombre de petits muscles dont les mêmes tendons tirent les apophyses épineuses, les

féparent les unes des autres, & fur-to[ut]
fléchiffent les vertèbres vers différe[ns]
côtés. Par là le corps des Vipères acqu[iert]
cette agilité admirable, non-feuleme[nt]
comme dit *Ariftote*, parceque la Na[ture]
comme une bonne & foigneufe mè[re a]
rendu les vertèbres flexibles en le[s gar-]
niffant de productions cartilagineu[fes]
mais auffi parcequ'elle a formé les m[uf-]
cles qui font autant d'inftrumens d[efti-]
nés à procurer le mouvement local.

Il eft pourtant certain que la Vip[ère]
malgré toute l'agilité qu'on lui attri[bue]
ici, rampe plus lentement que la pl[û-]
part des autres Serpens. *Cordus* atte[fte]
n'avoir jamais vû de Vipère en Al[le-]
magne : mais M. *Linnæus* dit qu'elle f[e]
trouve fréquemment en Suède. Il y [a]
des Vipères prefque par-tout, à Mal[te,]
en Grèce, en Egypte, en Afie, en Ita[-]
lie, en Efpagne, en Portugal, en An[-]
gleterre. Elles fréquentent volontiers le[s]
lieux montagneux, fecs, pierreux : ma[is]
elles ne fe trouvent point aux lieux mari-
times. Il eft faux que la Vipère s'accouple avec la Murène, comme l'on[t]
avancé les Anciens. La Vipère n'eft pa[s]
proprement un Animal Amphibie ; ca[r]
elle ne va point à l'eau naturellement[;]
& fi nous la rangeons parmi les Amphi-

les, c'eft parceque nous ne fçaurions mettre dans une Claffe plus convena-ble Il en faut dire autant des Lézards, du Crapaud, de la Salamandre terreftre de la Tortue de terre dont nous par-rons dans la fuite. On a vû des Vipères à deux queues, & d'autres à deux têtes. *Galien* nous apprend que les Marfes qui avoient de fon temps n'avoient aucune faculté propre pour fe garantir du venin des Serpens ; mais qu'ils ufoient de frau-de pour fe rendre recommandables au-près des gens du commun. *Matthiole* rap-porte la même chofe de ces Charlatans qui fe difoient de la race de S. *Paul*, & employoient mille artifices pour trom-per le vulgaire ignorant & pour exciter l'admiration des Spectateurs. Il n'y a peut-être point d'Animal fur lequel on ait débité tant de contes que fur la Vi-père, comme le Sçavant *Rédi* l'a fait voir dans fes Obfervations. La Vipère fiffle quand elle eft en colère.

Les Grecs nomment quelquefois la Vipère *Ophis*, comme qui diroit *Serpent par excellence* ; mais plus communément *Echis* pour le mâle, & *Echidna* pour la fémelle. Elle s'appelle en Italien com-me en Latin *Vipera* ; en Efpagnol *Bivo-ra* ; en Allemand *Natter Otter*, *Brandt*

ou *Schlange* ; en Flamand *Adderslange*,
en Anglois *Viper* ou *Adder* ; en Suédois
Hugg - Orm. Or la Vipère, selon quel-
uns , a été ainsi nommée, parcequ'au
rapport des Anciens elle conçoit & fait
ses petits par force & avec peine ; ou selon d'autres , *Vipera quasi Vivipara* , &
par contraction *Vipara* ou *Vipera*, parcequ'elle fait ses petits vivants. Mais elle
n'est pas la seule qui les fasse de la sorte ;
car sans parler des autres Serpens, le Ce-
raste qui est un Serpent à deux cornes,
commun en Libye & en Arabie, & l'espèce dite en Latin *Cæcilia* , en François
Orvet , ou *Anvoye* ou *Anvot* , sont aussi
Vivipares. *Belon* observe que les Habitans de la Touraine & du Maine appellent la Vipère *Aspic*. Quant aux petits de
la Vipère , on les nomme *Vipereaux* ou
Viperillons.

La Vipère contient beaucoup de Sel
volatil & d'Huile , & médiocrement de
phlegme. Cette espèce de Serpent fournit d'excellents remèdes à la Médecine.
On s'en sert pour résister au venin , pour
purifier le sang , pour la Lèpre , la Galle,
les Ecrouelles , les Dartres rebelles , &
dans les fièvres malignes & pestilentielles.
On l'employe intérieurement. Il paroît
que la principale vertu de la Vipère est

accélérer la circulation du fang, d'en faciliter le mélange, de fondre les conrétions lymphatiques, & de débarraffer par ce moyen les glandes de ces humeurs groffières & obftruantes qui vènant à y féjourner & à s'y aigrir occafionnent une infinité de maladies cutanées auxquels on donne le nom de fcrophuleufes & de lépreufes. On eft redevable de ces bons effets effets au Sel actif & pénétrant dont les Vipères abondent, & qui vient des Lézards & des Taupes dont elles fe nourriffent; car on fçait que ces Animaux étant diffous dans l'Eftomac fourniffent une grande quantité de particules volatiles; & c'eft en cela que confifte la différence de la chair de Vipère d'avec celle des autres Serpents qui ne vivant que d'herbes & de gazons font fort éloignés de poffséder les propriétés qui nous rendent la Vipère fi utile en Médecine.

Les préparations les plus fimples de la Vipère, & en même temps les meilleures, font les bouillons, la gelée, les fyrops, & le vin de Vipère. Pour faire les bouillons, on dépouille une Vipére de fa peau, & l'on en rejette la tête, la queue & les entrailles, réfervant le fang, le cœur & le foye : On coupe le tout par tronçons que l'on fait cuire pendant

cinq heures au Bain-Marie en y ajoûtant
un verre d'eau commune, & si l'on veut
un quartier de Volaille & une poignée
d'herbes convenables. Il faut que le
vaisseau soit luté avec de la pâte pour
conserver l'esprit & le Sel volatil qui
font la bonté de ce bouillon. La gelée se
fait en prenant telle quantité de Vipères
qu'on veut : on les prépare comme pour
le bouillon, & on les fait cuire pendant cinq heures au Bain-Marie avec une
suffisante quantité d'eau ; après quoi l'on
coule le tout avec une forte expression ;
on évapore la décoction au Bain-Marie,
& on la place ensuite dans un endroit
frais pour la faire épaissir en gelée. La
dose en est d'une petite cueillerée. Le syrop dont on trouve la recette dans les
Dispensaires, se donne depuis deux gros
jusqu'à une once. Enfin, le vin de Vipères se fait en mettant infuser des Vipères coupées par morceaux dans une certaine quantité de moust de vin. On laisse
fermenter le tout ; & après que le vin
est éclairci, on le conserve pour l'usage.
La dose en est d'un verre le matin à jeun
pendant quelque temps. Tous ces remèdes vont au même but, & sont excellents pour rétablir les forces épuisées
par de longues maladies, & pour purifier

la masse du sang infectée de quelque mauvais levain.

On trouve chez les Apothicaires deux autres préparations de Vipères qu'on peut substituer à celles ci - dessus; sçavoir la poudre & les Trochisques de Vipère. Pour faire la poudre, on retranche comme inutiles la tête & la queue des Vipères qu'on veut employer : on peut, si l'on veut, laisser la peau qui ne laisse pas de contenir du Sel volatil ; après quoi on lave les viscères & l'on ne jette que les intestins, hachant le reste en petits morceaux pour les mettre secher au Bain - Marie dans une Cucurbite : ou bien, on suspend les Vipères dans un lieu chaud à l'ombre jusqu'à ce qu'elles soient parfaitement dessechées & dépouillées de leur phlegme ; ensorte qu'il ne reste que le Sel volatil, l'huile & les autres parties essentielles. Enfin, le tout étant bien sec avec les entrailles, on le pulvérise dans un mortier de marbre en l'arrosant durant la pulvérisation d'Esprit de vin impregné de Myrrhe, ou de Camphre qui vaut encore mieux, quoique celui - ci se dissipe facilement. On y jette sur la fin quelques gouttes d'huile distillée de Géroffle, & l'on garde le tout dans un vaisseau de

Tome II. Partie II.　　　　C

verre bien bouché fous le nom de Poudre de Vipères. La corruption ni les Vers ne font point à craindre de cette manière. La dofe en eft depuis douze grains jufqu'à deux fcrupules. Les Trochifques de Vipères fe font en prenant les troncs, les foyes & les cœurs de Vipères deffechés comme ci-deffus : on les pulvérife, & l'on en forme des Trochifques avec la Gomme Adragant préparée avec le vin d'Efpagne : & pour empêcher que les Vers ne s'y engendrent, on les oint avec quelques gouttes de Baume du Pérou. La dofe en eft depuis un demi fcrupule jufqu'à un gros. Ces Trochifques font bien meilleurs que ceux des Anciens qui font faits avec la mie de pain, & qu'on trouve encore dans quelques Difpenfaires, parceque la mie de pain qui y entre y prédomine tellement quand ils font fecs, qu'ils en deviennent infipides & de nulle valeur ; de plus, comme dans ces préparations on fait cuire les Vipères, cela les prive du Sel volatil qui fe détruit par l'évaporation. C'eft par cette raifon que quelques Modernes font entrer dans la Thériaque le Bezoard Animal au lieu des Trochifques qui y font demandés.

De toutes les compositions ci - deſſus, on doit préférer les premières dans l'ordre que nous venons de les décrire, parceque les principes de la Vipère y ſont mieux conſervés , & qu'on eſpére du remède un meilleur effet. Il faut de plus que les Malades en faſſent un long uſage pour pouvoir détruire & déraciner les levains pernicieux qui infectent la maſſe du ſang dans les maladies où elles conviennent : ſans cela point de guériſon à eſpérer. On adoucira bien le mal , & on le palliera pour quelque temps ; mais ſi le régime n'eſt pas ſoutenu, il reparoîtra bien - tôt avec autant de force qu'auparavant. C'eſt ce qui fait que les anciens Médecins qui connoiſſoient bien cela , faiſoient manger pendant long-temps des Vipères en guiſe de Poiſſon ou rôties ſur le gril, ou ordonnoient un long uſage des vins de Vipère ; & ils guériſſoient par ce moyen les Maladies les plus terribles & les plus opiniâtres. *Pline* nous aprend qu'*Antonius Muſa*, Médecin d'*Auguſte* , avoit trouvé le ſecret de guérir par l'uſage des décoctions de Vipères, des ulcères qui paſſoient pour incurables , & *Helidée* de Padoue rapporte dans ſes *Obſervations* l'Hiſtoire d'une femme ſtérile & lépreuſe qui fut guérie de sa lèpre par les bouillons de Vipère, & eut ensuite plusieurs enfans bien sains.

On fait sécher au Soleil le cœur & le foye de la Vipère ; on les pulvérise ensemble, & l'on appelle cette poudre *Bezoard-Animal* : elle a les mêmes vertus que le corps de la Vipère, & se donne dans du bouillon, ou dans quelque liqueur convenable, depuis huit grains jusqu'à un scrupule.

Voilà les préparations les plus simples pour l'usage intérieur qu'on fait avec la Vipère : mais la Chymie nous en fournit plusieurs autres qui sous une forme différente ont les mêmes propriétés, telles sont l'eau distillée, l'esprit, le sel volatil & l'huile de Vipère. L'eau distillée se fait en mettant des Vipères vivantes dans une Cucurbite de grès, à laquelle on adapte un Chapiteau & un Récipient bien lutés. On distile au Bain-Marie tout ce qui peut venir d'humidité. Cette eau qui est remplie de sels volatils, se donne depuis un gros jusqu'à une demi-once dans quelque eau appropriée ; elle ne manque guères à faire suer. L'esprit & le sel volatil sont les Remèdes les plus d'usage que fournisse la distillation de la Vipère. Ils possèdent eux-seuls les vertus les plus essentielles de cet Animal. On s'en sert dans les fièvres malignes, dans la petite Verole, dans l'Apoplexie, dans l'Epilepsie, dans la Paralysie, dans les Maladies Hystériques, & contre la piquûre de toutes les Bêtes venimeuses, bien entendu que ces maladies sont exemptes d'inflammation ; car ces remèdes accélérant le mouvement du sang, ne conviennent point dans les cas où elle est à craindre, & c'est à quoi il faut bien prendre garde dans la pratique. La dose de l'Esprit de Vipère est de dix à trente gouttes, & celle du Sel de six à seize grains dans du bouillon ou dans quelque potion ou julep convenable. l'huile fétide qui sort par la distilation est bonne pour les femmes hystériques : on la leur fait sentir pour abbattre leurs vapeurs. On s'en sert encore en liniment sur les parties attaquées de Paralysie : mais son odeur est si désagréable, qu'on a de la peine à la supporter.

Quant à l'usage extérieur de la Vipère, sa graisse est un remède admirable dans les affections des parties nerveuses, spécialement des articulations, provenantes de cause externe, comme contusions, playes, piquûres, & autres choses semblables. La même graisse con-

vient aux pustules, playes & ulcères des
yeux, & même à l'Ophtalmie, comme
l'on en a plusieurs Observations : on en
enduit doucement l'œil malade avec un
petit pinceau, & ce liniment tient lieu
des Collyres les plus vantés contre les
affections des yeux. Elle est encore propre, suivant *Etmuller*, à effacer les rides
du visage, & à embellir le teint. On
l'applique seule, ou bien on la mêle
avec le Baume du Pérou. Il faut pour la
faire, séparer cette graisse des intestins.
On la fait fondre doucement dans un
plat de terre sur un peu de feu ; on la
coule ensuite avec expression au travers
d'un linge fin pour la séparer de ses
membranes ; & quand elle est refroidie,
on la verse dans une bouteille de verre
pour la conserver. L'huile simple de Vipères se prépare en faisant cuire ces Rep-
tiles à petit feu dans un vaisseau ver-
nissé qui ait l'embouchure étroite & bien
bouchée afin que rien ne s'évapore, jusqu'à ce que la chair se sépare des os. On
laisse refroidir le tout ; on coule ensuite
avec une forte expression, & l'on garde
l'huile pour l'usage. Elle est fort estimée
contre les morsures des Serpens & d'autres Bêtes venimeuses: On s'en sert aussi
en liniment pour guérir les Dartres, la

Gratelle, & les autres vices de la peau.

On fait des Colliers avec les têtes de Vipères, lesquels sont fort estimés dans la fausse Esquinancie.

Personne n'ignore combien la morsure de la Vipère est dangereuse, & qu'elle peut même être suivie de la mort, si l'on n'y remédie promptement, & qu'on laisse le temps au venin de s'insinuer dans les vaisseaux & d'y coaguler le sang. Les symptômes qui suivent cette morsure, sont d'abord une douleur aiguë dans la partie blessée, avec une enflure rouge, & ensuite livide, qui gagne peu-à-peu les parties voisines. Ces accidents sont suivis de syncopes considérables, d'un pouls fréquent, profond, & quelquefois intercadent, de soulevemens d'estomac, de vomissemens bilieux & convulsifs, de sueurs froides, & quelquefois de douleurs dans la région ombilicale, & lorsqu'on diffère d'y apporter remède, de la mort même comme nous venons de le dire, à moins que la Nature n'ait assez de force pour surmonter ces accidens ; & dans ce cas-là même l'enflure continue quelque temps avec inflammation. Il y a même des cas où elle est plus forte dans le déclin des symptômes qu'au commence-

ment. La playe rend souvent une liqueur
fanieufe, & il s'élève quelques petites
puftules tout autour : toute la peau devient jaune de même que fi le malade
avoit la jauniffe. Ces fymptômes font
plus ou moins violents, felon la différence des climats, la chaleur plus ou
moins grande de la faifon, la colère
plus ou moins forte de la Vipère, fon
plus ou moins de groffeur, la quantité
plus ou moins grande du venin qu'elle
eft en état de communiquer, & autres
circonftances femblables : mais ils fe
manifeftent ordinairement tous de la
même manière dans tous les fujets, à
moins que la morfure n'ait point été fui-
vie de l'épanchement du venin qui eft
la caufe des fymptômes dont nous venons de parler.

Le traitement qui convient à la morfure de la Vipère, confifte à détruire le
venin qui s'eft infinué dans la playe. On
employe pour cela des remèdes exté-
rieurs & intérieurs. Les remèdes exté-
rieurs font de lier promptement, fi l'on
peut, la partie au-deffus de la morfure,
ferrant bien la ligature afin d'empêcher
le venin de pénétrer : mais fi la partie
mordue ne peut pas être liée, il faut à
l'inftant appliquer deffus la tête de la

Vipère qui a fait le mal après l'avoir bien
écrasée, ou à son défaut celle d'une autre Vipère ; ou bien on fera rougir au
feu un couteau, ou un autre morceau de
fer plat, & on l'approchera bien près
de la playe pour en faire souffrir la chaleur le plus qu'il sera possible ; ou bien,
on fera brûler sur la playe un peu de
poudre à canon ; ou enfin on scarifiera la
playe & l'on appliquera dessus de la
Thériaque, ou de l'Ail & du Sel Am-
moniac pilés ensemble. M. *James* dans
son *Dictionnaire de Médecine*, propose
l'Axonge de Vipère dont il faut bien
frotter la playe d'abord qu'on a été mordu. Il assûre que ce remède suffit ; qu'il
l'a éprouvé plusieurs fois, & que les
preneurs de Vipères en Angleterre ne
s'en servent pas d'autre. Comme cette
Axonge est composée de parties gluantes
& tenaces, plus pénétrantes & plus ac-
tives que celles de la plupart des autres
substances huileuses, il y a tout lieu de
penser qu'elle enveloppe les Sels volatils
du venin, & qu'elle en empêche le développement. Cette méthode est plus simple que la précédente & moins pénible
au malade, d'autant plus qu'il est inutile de le fatiguer par beaucoup de Thériaque & d'Antidotes pris intérieurement.

C v

& qu'il suffit de lui donner quelques do-
ses de Sel volatil de Vipère réitérées suivant le besoin, pour pouvoir le faire
suer promptement. On peut substituer
au Sel de Vipère celui de corne de Cerf,
ou d'Urine, ou de Crâne humain, ou
bien la Thériaque pourvu qu'elle soit
vieille, parceque l'*Opium* qui y entre &
qui dans la nouvelle n'a pas encore été
assez raréfié par la fermentation, est
plutôt capable d'arrêter le venin & d'é-
paissir les humeurs, que de raréfier &
de pousser par les sueurs.

On a encore proposé en Angleterre,
depuis quelques années, l'huile d'Olives
seule, dont il faut simplement étuver la
patrie mordue; & si la blessure a été pro-
fonde, on enveloppe tout le membre
dans un Cerat de plomb blanc, & de
la même huile: mais ce Reméde qui a
été vérifié par MM. *Geoffroy* & *Hu-
nauld*, dont on trouve les Expériences
dans les *Mémoires de l'Académie des Sciences, année 1737*, n'a pas été trouvé aussi
spécifique qu'on le prétendoit. Ainsi il
vaut mieux s'en tenir à ceux ci-dessus:
au reste, quelque méthode qu'on employe pour l'extérieur, il ne faut pas
négliger les remèdes internes; car le venin de la vipère étant fort subtil, il en

paſſé toujours dans le ſang , quelque précaution qu'on apporte pour l'en em-pêcher & pour l'attirer au-dehors. Il faut donc faire prendre au Malade des remè-des qui puiſſent diſſoudre le ſang coa-gulé par le venin , & exciter la circula-tion ; & pouſſer par la tranſpiration & par les urines ce qui peut en être reſté dans la maſſe des humeurs. Les ſels vo-latiles des Animaux ſatisfont à toutes ces indications , parce qu'ils ſont alkalis , fort volatiles, raréfians , ſudorifiques & apéritifs ; tels ſont , comme nous l'avons déja dit , les ſels de Vipère, de corne de Cerf, d'urine & de crâne humain ; la la vieille Thériaque & autres antidotes dont les ſels volatils font la principale vertu. Moyennant quelques-uns de ces remèdes pris intérieurement & réitérés , ſuivant le beſoin ; on eſt ſûr de détruire le venin de la Vipère, & de le pouſſer au-dehors par les ſueurs & une abon-dante tranſpiration. L'hiſtoire que nous allons rapporter, telle que nous l'avons extraite des *Mémoires de l'Académie des Sciences , année 1747* , ne laiſſera aucun doute ſur cet article.

Le 23 Juillet 1747. Me de Juſſieu le cadet étant à herboriſer ſur les buttes de Montmorenci avec ſes Elèves , un d'eux

faisit avec la main un serpent, qu'il prenoit pour une Couleuvre, & qui réellement étoit une vipère. L'Animal irrité,
le mordit en trois endroits, savoir, au
pouce, au doigt index de la main droite,
& au pouce de la gauche. Il sentit presqu'aussi-tôt un engourdissement dans les
doigts, & ils s'enflèrent. L'enflure gagna
les mains, & devint si considérable, qu'il
ne pouvoit plus fléchir les doigts. Ce
fut dans cer état qu'on le mena à M. *de
Jussieu*, qui étoit éloigné de quelques
centaines de pas. L'inspection de L'Animal le fit aussi-tôt reconnoître pour une
Vipère très-forte & très vive ; & le Ma-
lad qui avoit été effrayé, fut rassûré
par l'espérance d'une prompte & sûre
guérison. En effet, M. *de Jussieu* s'étoit
assuré, tant par le raisonnement, que
par un grand nombre d'expériences faites sur des Animaux, que l'alkali volatil étoit dans ces occasions un Remède
sûr pourvû qu'il fût administré promptement : il avoit heureusement sur lui un
flacon rempli d'eau de Lusse, qui, comme l'on fait, n'est qu'une préparation de
l'alkali volatil uni à l'huile de succin ;
il en fit prendre au Malade six goutes
dans un verre d'eau, & en versa sur
chaque blessure, assez pour servir à les

baſſiner & à les frotter : il étoit alors une heure après midi , & il faiſoit fort chaud; ſur les deux heures le Malade ſe plaignit de maux de cœur , & tomba en défaillance : on voulut faire une ligature au bras droit , qui étoit très-enflé , mais M. *de Juſſieu* la fit défaire , & une ſeconde doſe du même Remède priſe dans du vin , fit diſparoître la défaillance. Alors le Malade demanda à être conduit au lieu où il devoit paſſer la nuit ; il y fut mené par deux étudians en Médecine , qui ſe chargèrent d'en avoir ſoin , & de lui faire prendre le même Remède , s'il lui ſurvenoit quelque foibleſſe ; il en eut effectivement deux dans la route : étant au lit , il ſe trouva très-mal , donna même quelques marques de délire , & vomit tout ſon dîner ; mais tous ces accidens cédèrent à quelques nouvelles doſes d'Alkali volatil. Après ſon vomiſſement , il reſta tranquille , & dormit aſſez paiſiblement. M. *de Juſſieu* , qui arriva ſur les huit heures , le trouva beaucoup mieux , & ſeulement incommodé de l'abondante tranſpiration que le Remède lui avoit cauſée ; la nuit fut très-bonne : le lendemain , les mains n'étant pas deſenflées , on fit une embrocation avec l'huile d'Olives , dans laquelle on mêla

un peu d'Alkali volatil. L'effet de ce
Remède fut prompt ; une demie heure
après, le Malade pouvoit fléchir libre-
ment les doigts ; il s'habilla, & revint à
Paris, après avoir déjûné de très-bon
ppétit : depuis, il a été de mieux en
mieux, & s'est trouvé entièrement guéri,
au bout de huit jours. L'enflure, l'engourdissement des mains & une jauniffe
qui s'étoit montrée dès le troisième jour
fur les deux avant-bras, ont été diffipés
par le même Remède, dont il prenoit
trois fois par jour, deux gouttes dans un
verre de fa boisson.

La poudre de Vipère entre dans l'Orviétan commun, & dans le Thériaque
Célefte ; & la poudre & le fel volatil
dans l'Orviétan fin de la Pharmacopée
de Paris. La gelée de Vipère entre dans
la poudre de pattes d'Ecreviffes, & les
Trochifques dans la Thériaque ordinaire
de la Pharmacopée.

Prenez un poulet vnidé & écorché

Faites-le cuire pendant deux heures
dans une fuffifante quantité d'eau
de rivière à la réduction de deux
bouillons.

Ayez enfuite deux Vipères écorchées,
auxquelles on aura ôté la tête, la
queue & le fiel ; mais laiffez le

cœur, le poumon & le foye, cou
pés par petits morceaux ; une poignée de feuilles de Bourrache, &
une demi-poignée de Cerfeuil.

Faites cuire le tout pendant trois heures dans le bouillon fufdit, couvert
& luté avec de la pâte.

Coulez enfuite avec une forte expref-
fion, & partagez en deux bouillons
à prendre pendant un mois, l'un le
matin à jeun, & l'autre fur les cinq
heures du foir.

Ces bouillons conviennent dans tous
les cas où il faut purifier la maffe
du fang, comme dans la galle, les
dartres, les écrouelles & les autres
vices de la peau qui ne font pas accompagnés d'inflammation

Prenez des eaux de Bardane & de
Chardon-bénit, de chacune trois
onces ; de la poudre d'yeux d'écré-
vifles préparée & de l'Antimone diaphorétique, de chacun un fcrupule ;
du fel volatil de Vipère, douze
grains : du fyrop de Capillaire, une
once.

Mêlez le tout pour un julep convena-
nable dans les Diarrhées féreufes.

Prénez de la conferve de Fumeterre,
un gros ; du fyrop d'œillet, une

quantité suffisante.

Faites du tout un Bol enveloppé dans du pain à chanter, qui convient pour faire suer dans une galle rentrée.

Prenez des eaux de Scabieuse & de Chardon-bénit, de chacune trois onces ; du syrop de pavot rouge, une once ; du *Diascordium*, de la Thériaque vieille, & de la poudre de Vipère, de chacun un scrupule ; de l'Esprit volatil de Vipère, trente gouttes.

Mêlez le tout pour une potion antivermineuse ou Alexitère à donner à la cueillére.

Prenez de la vieille Thériaque, douze grains ; des fleurs de pavot rouge en poudre, & de la poudre de Vipère ; de chacune dix grains ; de l'Antimoine diaphorétique, huit grains ; du sel volatil de Vipère, cinq grains.

Mêlez le tout avec le syrop d'œillet pour former un bol sudorifique à donner sur le champ.

Prenez de la Tuthie préparée, une once ; de la Pierre hématite préparée, deux scrupules ; du meilleur Aloès préparé, douze grains ; des perles préparées, quatre grains.

Mêlez le tout avec une suffisante quantité de graisse de Vipère dans un mortier de marbre ou de verre, dont le pilon soit de la même matière, pour former un Collyre, dont on fera un linimeur matin & soir sur les yeux malades, lequelser continué pendant quelque temps. Ce Collyre que le Docteur *Hans-sloane*, célèbre Médecin Anglois, a donné au Public, est très - estimé contre la foiblesse, la chassie & la rougeur des yeux.

Le Serpent à Collier ; *serpens*, Offic. Schrod. 305. Dal. Pharm. 430. *Anguis*, Gosa. *de serp.* 43. *Anguis, Coluber*, Merr. Pin. 204. *Serpens, Anguis*, schvvenckf. Rept. Silef. 137. *Natrix torquata*. Aldrov. Hist. serp. 287. Jonst. de serp. 29. Ray de serp. 334. Charlet. Exerc. 35. *Anguis vulgaris fuscus, Collo flavescente, ventre albis maculis distincto*, Petiv. Muf. 17. *Anguis scutis abdominalibus* 177 Squamis caudœ 85. Amph. Gyllenb. Linn. Faun. Suec. 259. *Anguis, seu Serpens torquatus ; Myagrus veterum ; Hydrus, Chersydrus, sive Enhydris minor ; Coluber aquaticus, vel stagnorum incola*, Nonnull.

Ce serpent est médiocrement gros, mais assez long; quelquefois même il parvient à une grandeur considérable. a la tête un peu large & platte, arrondie & mousse par le bout; la gueule bien fendue & ample, munie de petites dents crochues tournées vers le gozier; le col menu près de la tête, marqué en-dessus de taches jaunes-pâles ou blanchâtres qui lui font une sorte de collier, mais cette sorte de collier, qui est proprement la marque caractéristique de ce serpent & d'où il tire son nom, ne fait que le demi-cercle, & non pas tout le tour du col; une grande tache triangulaire à la base du collier des deux côtés, dont le sommet regarde la queue; le dessus de la tête couvert d'amples écailles, plus foncées en couleur que celles du reste du corps; la mâchoire supérieure blanchâtre sur les côtés, avec cinq ou six lignes noires perpendiculaires; le corps plus gros vers le ventre, puis allant en diminuant de grosseur, & finissant par une queue fort déliée; le dos de couleur noirâtre ou d'un gris-brun; le dessous du corps presque tout blanc, près de la tête, à la réserve de quelques taches noires sur les côtés; le ventre varié de blanc, de bleuâtre & de noir : de sorte qu'insen-

blement les marques noires augmen-
tent en nombre & en grandeur jufqu'à
l'anus & au bout de la queue, où prefque toutes les écailles font noires, excepté les deux extrémités, qui font d'un
blanc tirant fur le bleu ; tout le ventre
couvert de longues écailles fimples tranf-
verfales ; le deffus du corps couvert de
petites écailles bigarrées de lignes noires,
qui commencent aux extrémités des écailles du ventre, & montant de diftance en
diftance vers le milieu du dos : de manière que le nombre de ces lignes paffe
80 de chaque côté, fans compter deux
rangées de petites taches noires moins
fenfibles, qui vont fupérieurement de la
tête à la queue. En général, fes couleurs
varient, felon M *Linæus* ; fa langue, fes
vifcères & fes inteftins font à peu-près
de même que dans la Couleuvre : notre
Serpent à collier ne fent pas mauvais
comme elle. Nous ne lui avons pas trouvé aux mâchoires, ainfi qu'à celles de la
Vipère, de ces dents canines ou longues,
aigues & recourbées, qui diftillent le
venin dans la playe faite par la morfure,
mais uniquement deux rangées de petites dents faites en manière de fcie aux
deux mâchoires ; ce qui ne nous laiffe
aucun lieu de douter qu'on ne puiffe

manier impunément ce Serpent : auffi *Wormius* obferve-t-il, avec raifon, qu'on a vû bien des gens le manier avec les mains nues & le porter dans leur fein fans nul inconvénient. M. *James* dit auffi que nos Serpens ne font aucun mal à ce que l'on croit communément ; que leurs morfures ne font accompagnées d'aucun danger, & qu'on leur a fouvent attribué le mal que les Vipères avoient fait La Couleuvre eft pareillement fans venin.

Le Serpent à collier ne fait point fes petits vivans comme la Vipère, mais il va dépofer fes œufs dans des trous expofés au midi le long des levées ou fur les bords des étangs ou des eaux croupiffantes, & plus ordinairement dans des couches de fumier, où après que les œufs ont été échauffés tant par la chaleur du fumier que par les rayons du foleil il en fort des petits. Or ces œufs font preffés l'un contre l'autre & collés enfemble par une efpèce de glu en forme de groffe grappe quarrée oblongue, compofée de dix-huit à vingt œufs oblongs, blanchâtres, gros comme des œufs de Pie, entre lefquels il y en a quelques-uns de ridés ou clairs, qui étant mis dans l'eau y furnagent, tandis que les autres qui font pleins vont au fond de l'eau. Chaque œuf est enveloppé d'une membrane mince, mais compacte & d'un tissu fort serré ; il contient un petit Serpent roulé sur lui-même , & entouré d'une humeur glaireuse semblable à du blanc d'œuf, avec un placenta dont le cordon ombilical tient au bas ventre environ à un pouce de distance de l'Anus. Si l'on ouvre l'œuf, l'Animal en sort d'abord immobile ; puis il s'allonge & remue , mais sans pouvoir ramper. *Gesner* observe que les petits ont le col plus gros à proportion que les grands.

Notre Serpent à collier est commun dans certains pays, rare dans d'autres ; il se plaît dans les endroits humides & Marêcageux, dans les Prez , dans les Buissons en Eté ; mais en Hyver il demeure pour l'ordinaire caché & engourdi dans des trous au pied des vieux arbres , ou dans des levées au pied des hayes. *Wormius* dit qu'il se nourrit d'herbes , d'Insectes & de tout ce qu'il rencontre : il mange aussi des Souris, des Rats, des Lezards & des Grenouilles de même que la Vipère. Les gens de la Campagne rapportent qu'il entre quelquefois dans les pots au lait pour en boire ; que même s'entortillant au tour des jambes des Vaches, il se jette à leurs mammelles pour en sucer le lait jusqu'au sang, ce que les Anciens ont attribué au Serpent Aquatique nommé *Boa* qui est tout différent. Ils ajoûtent qu'il se glisse quelquefois dans le corps de ceux qui dorment le long des eaux la bouche ouverte, & qu'on l'en fait sortir en l'attirant par la vapeur du lait bouillant.

Ce qu'il y a de certain, c'est que ce Serpent tout petit qu'il est ne laisse pas d'avoir l'ouverture de la gueule, le gosier & l'œsophage très-amples & susceptibles d'une extrême dilatation ; ensorte qu'il n'est point étonnant qu'il puisse avaler des Souris & des Rats tout entiers, & peut-être même des Animaux plus grands. Il détruit un grand nombre des Grenouilles ; dès qu'il en a saisi quelqu'une, elle a beau faire des efforts pour lui échapper, & crier d'une voix lamentable ; il faut qu'elle passe : mais comme il avale tout sans mâcher, il est quelquefois arrivé qu'on lui a tiré du corps une Grenouille nouvellement avalée & à demi morte, qui se sentant libre a repris vigueur & sauté à l'eau. Il rampe sur la terre & nage dans l'eau avec assez d'agilité. On peut, dit *Derham* dans sa *Théologie Physique*, remarquer une grande

...aftesse & une exactitude presque géo-
métrique dans les mouvemens finueux
que les Serpens font en rampant. Les
écailles annulaires qui les affistent dans
cette action, font d'une structure très-
fingulière : fur le ventre, elles font fituées
en travers & dans un ordre contraire à
celles du dos & du reste du corps ; & non-
feulement depuis la tête jufqu'à la queue
chaque écaille fupérieure déborde fur
l'inférieure ; mais les bords fortent en
dehors, tellement que chaque écaille
étant tirée en arrière, ou dreffée en quelque manière par fon mufcle, le bord
extérieur s'éloigne un peu du corps, &
fert comme de pied pour appuyer le
corps fur la terre & pour l'avancer, &
faciliter ainfi fon mouvement ferpen-
tant. Il est aifé de découvrir cette structure dans la dépouille ou fur le ventre
d'un Serpent quel qu'il foit. Mais il y a
une autre mécanique admirable que mon
averfion naturelle pour ces Animaux m'a
empêché d'examiner avec foin ; c'est que
chaque écaille a fon mufcle particulier,
dont une extrémité est attachée au milieu de l'écaille, & l'autre au bord fupérieur de l'écaille fuivante. Le Docteur
Tyfon a découvert cette mécanique dans
le Serpent à fonnette ; & je ne doute pas

qu'il n'en ſoit de même de tous les autres
Serpens.

Le Serpent à collier dite n Latin *Na-trix* comme. qui diroit *Natatrix*, parce
qu'il ſçait nager ; en Grec *Hydrus*, ou
Cherſydrus ou *Enhydris*, parce que non-
ſeulement il eſt aquatique, mais qu'il vit
ſur la terre & dans l'eau ; ce que nos
Anciens exprimoient par le mot compoſé
Eau terrier ; autrement *Myagrus*, parce
qu'il prend les Souris & les Rats ; s'appelle en Italien *Maraſſo d'aqua* ; en Allemand *Natern* ; en Flamand *Schnaéten* ;
en Anglois *Watter-Adder* ; en Suédois
Tomt Orm ou *Ring Orm*. Quelques-uns
le nomment en François *Couleuvre d'eau*,
Serpent d'eau, *d'Etang*, ou *de Marais*,
autrement *Couleuvre ſerpentine* ; & ils
voudroient faire accroire que ſa morſure eſt auſſi venimeuſe que celle de la
Vipère, ce qui eſt abſolument faux :
d'autres le nomment *Anguille de haye*,
& en mangent en guiſe d'Anguille.

Le Serpent à collier contient beaucoup de ſel volatil & d'huile. Sa chair,
ſon foye & ſon cœur ſont ſudorifiques,
propres pour réſiſter à la malignité des
humeurs, pour chaſſer les fièvres intermittentes, pour purifier le ſang, & exciter les urines. On coupe le tout par morceaux

...ceaux qu'on fait sécher doucement au Bain-Marie pour les réduire en une poudre dont la dose est depuis un demi-scrupule jusqu'à un demi-gros ou deux scrupules. C'est une espèce de Bezoard-Animal qui peut se substituer à celui de Vipère, & qui a les mêmes vertus, mais en un moindre degré. On fait un bol de cette poudre avec un peu de Thériaque, ou de Confection d'Hyacinthe; ou bien on la mêle dans quelque Potion Diapho-rétique. Ce que nous disons ici du Ser-pent à collier peut s'appliquer au Serpent ordinaire de ce Pays, autrement appellé *Couleuvre* : ce sont les mêmes principes, les mêmes propriétés, & par conséquent les mêmes usages. Le Serpent entier, après l'avoir dépouillé & en avoir re-jetté la tête, la queue & les entrailles, est recommandé dans la Consomption, dans la Lépre, la Galle, les Dartres in-vétérées, & dans toutes les maladies où il faut purifier le sang d'un levain étran-ger, exciter une douce transpiration, réparer les forces affoiblies, & remédier à la stérilité. On le mange rôti sur le gril, & l'on en fait des bouillons au Bain-Marie dans un vaisseau luté avec de la pâte afin d'en conserver le sel vo-latil & l'esprit qui en font toute la vertu.

Tome II. Partie II.   D

& qui s'exhaleroient dans un vaisseau ouvert.

Le Serpent passe pour être venimeux ; il ne l'est pourtant pas à moins qu'il ne soit en colère, & il a cela de commun avec quantité d'Animaux dont les blessures ne sont suivies ordinairement d'aucun mauvais effet, mais qui deviennent dangereuses lorsqu'ils sont irrités : au reste, on remédie à leur morsure avec la Betoine, la Gyroflée sauvage, l'Aigremoine & le Panais d'eau. Il suffit d'appliquer les feuilles d'une ou de deux de ces Plantes sur la playe, après les avoir pilées, & d'en boire le suc dans du vin pour opérer la guérison de ceux qui ont été mordus de ces Animaux. On peut pour plus grande sûreté, si l'on veut, faire prendre au malade du sel de Vipère, ou de la Thériaque par la bouche, & lui faire manger le foye & le cœur du Serpent.

Il est ordinaire en Italie d'user des Serpens en aliment, & d'en composer des vins médicamenteux : on les y croit propres à affermir la santé & à prolonger la vie ; ce sont de puissants motifs pour leur donner du relief. *Lotichius* dans ses *Observations page 425*, rapporte l'exemple d'une verte & vigoureuse vieil-

...lesse entretenue par l'usage de la chair de Serpent, & nous avons une Observation d'un Duc de Bavière qui devint fécond en se nourrissant de Poulets qu'il faisoit engraisser avec des Serpens. On tire de ces Animaux par la distillation un esprit & un sel volatils, dont le premier se donne à la dose de dix à trente gouttes ; & le second depuis six jusqu'à quinze grains, dans le Pourpre, dans les fièvres malignes & pestilentielles, & dans la Goutte vague. On les mêle aux Potions sudorifiques usitées dans ces maladies, lorsqu'il y a indication de pousser par les sueurs. Le Foye de Serpent desseché se donne dans de l'eau de Canelle dans les accouchemens difficiles lorsqu'il ne paroît ni erethisme, ni inflammation dans la matrice, & que la difficulté de l'accouchement ne vient que de la foiblesse & de l'atonie des parties ; car autrement il feroit beaucoup de mal en augmentant l'inflammation. Les Vertèbres du Serpent desséchées & réduites en poudre sont absorbantes & diurétiques comme les os des Poissons ; mais on les emploie rarement.

Quant à l'usage extérieur du Serpent, on employe en médecine sa graisse &

ſa dépouille. Sa graiſſe en liniment ra-
mollit les tumeurs ſcrophuleuſes, guérit
la rougeur des yeux, diſſipe les taches
de la peau, aiguiſe la vûe, & appaiſe
les douleurs de la Goutte. On la prépare en faiſant fondre la graiſſe qui ſe
trouve parmi les entrailles ; on coule
enſuite pour la ſéparer de ſes membranes : elle doit être claire comme de
l huile. La dépouille du Serpent, ſuivant
Dioſcoride, cuite dans du vin, & ſa décoction inſtillée dans les oreilles, en appaiſe les douleurs : employée en forme
de gargariſme, elle guérit le mal de
dents. *Aëtius* veut pour ce dernier mal
qu'on la brûle, & qu'après l'avoir réduite
en poudre on la mêle avec de l'huile
pour en introduire dans la cavité de la
dent gâtée ; ce qui emporte la douleur
en très-peu de temps. *Schroder* attribue
de grandes vertus à ces dépouilles lorſqu'elles ſe ſont détachées d'elles-mêmes
de deſſus le Serpent ; il prétend qu'elles
facilitent l'accouchement, étant appliquées en forme de ceinture ſur le ventre & ſur les lombes de la femme en
travail ; qu'étant miſes de la même manière, elles purgent les eaux des hydropiques en procurant un flux d'urines.
Horſtius en recommande la poudre con-

re l'alopecie, & pour faire croître les cheveux. Cette même Poudre mêlée avec celle d'Ecrevisses convient, selon lui, aux playes des nerfs & des tendons, si l'on en répand dessus, & il assûre comme une chose éprouvée qu'elle guérit en très-peu de temps les playes récentes, & spécialement celles des yeux.

Prenez la chair d'un Serpent écorché dont vous aurez ôté la tête, la queue & les entrailles, reservant le cœur & le Foye.

Coupez le tout par tronçons, & ajoûtez y un quartier de volaille, & une poignée de Cerfeuil.

Faites-le cuire pendant cinq heures au Bain-Marie dans un vaisseau luté avec de la pâte.

Coulez ensuite avec une forte expression, pour un bouillon convenable dans les Galles, Dartres invétérées, Ecrouelles, & autres Maladies de la peau où il faut purifier le sang.

Prenez de la Poudre de Serpent, deux gros ; des racines de Valeriane, d'Angelique, de Pimprenelle, & des feuilles de Rue, de chaque un gros.

Réduisez-le tout en une poudre dont la dose sera d'un à deux scrupules à prendre dans deux onces d'eau de Chardon-Bénit, dans le Pourpre & dans les fièvres malignes & pestilentielles.

LACERTUS.

Lézard.

ENTRE les diverses espèces de Lézard, il y a en a trois qui sont particulièrement connues & usitées en Médecine ; sçavoir 1°. le Lézard ordinaire, 2°. le Lézard verd, qui se trouvent l'un & l'autre dans ce pays-ci ; 3°. le Scinc, qui nous vient des Pays étrangers.

Le Lézard ordinaire ou commun ; *Lacertus*, Offic. *Lacertus terrestris*, Schrod. 342. *Lacerta*, Dal, Pharm. 432. *Lacertus cinereus*, Schwenckf. Rept. Silef. 149. *Lacertus vulgaris*, Gesn. *de Quad.* Ovip. 32. Aldrov. *de Quad.* Ovip. 627. Jonst. *de Quad.* 133. Charlet. Exerc. 28. Raij Synop. Anim. Quad. 264. *Lacerta vulgaris velox*, Petiv. Muf. 19. n. 116. *Lacerta pedibus inermibus, manibus tetradactylis, palmis pentadactylis, cor-*

vore livido , linea dorsali fusca duplici , Linn. Faun. Suec. 254. *Lacertus parvus nostras , seu Lacertus communis in hortis degens ; Lacerta Heliaca vel Solaris minor ,* Quorumd.

Cet Animal que quelques Auteurs mettent mal-à-propos au nombre des Insectes , varie en grandeur & en couleur : ordinairement il a le corps long de cinq à six pouces , & large d'un demi-pouce vers son milieu ; la tête triangulaire , applatie , couverte d'amples écailles , le museau mousse & ovale ; les yeux vifs , recouverts de leurs paupières ; les oreilles situées au derrière de la tête , rondes & bien ouvertes ; la gueule grande , formée de deux mâchoires qui sont d'égale longueur & armées l'une & l'autre de petites dents fines un peu crochues tournées vers le gozier ; quatre pattes dont celles de devant sont un peu plus courtes que celles de derrière , terminées chacune par une main à cinq doigts fort déliés , de longueur inégale , desquels celui qui tient la place de l'index est le plus long , & munis de petits ongles tannés fait en forme d'hameçon ; tout le dessus du corps d'un gris-cendré pour l'ordinaire , agréablement varié sur les côtés , revêtu d'une peau écailleuſe, dont les écailles vûes au Microſcope préſentent un ſpectacle amuſant ; le deſ-ſous de la gorge fait en manière de coqueluchon d'une couleur dorée luiſante ; le ventre d'un verd-bleuâtre, couvert de pluſieurs rangées d'écailles quarrées, & beaucoup plus grandes que celles qui couvrent le deſſus du corps ; l'Anus aſſez grand, ſitué un peu au-deſſous des pieds de derrière ; la queue ronde, de la longueur du corps, mais qui va toujours en diminuant de groſſeur, & d'une ſeule couleur ; la langue rougeâtre, aſſez longue & platte, fendue en deux par le bout ; le Poumon, le Cœur, la Ratte & les Reins petits comme ceux des Oiſeaux, auſſi-bien que les Teſticules qui ſont attachés ſur les Lombes, le Foye grand, vermeil, placé immédiatement ſous le Diaphragme ; l'Eſtomac de grandeur médiocre, & les inteſtins menus, faiſant peu de circonvolutions.

Tout Lézard mâle, dit *Rédi*, a double membre génital comme les Serpens, quelquefois même fourchu ; mais je ne me ſouviens pas d'y avoir remarqué ces piquans qui ſe remarquent dans la Vipère mâle : il y en a qui ont double & triple queue, à quoi le vulgaire ſimple & crédule ne manque pas d'attribuer des vertus admirables. J'ai éprouvé que des Tortues de terre ont vécu dix-huit mois, des Vipères dix mois, & des Lézards huit mois, sans prendre aucune nourriture : aussi ces Animaux ont-ils coutume de ne rien manger ou que fort peu, durant tout l'Hiver.

M. *Needham*, de la Société Royale de Londres, dans ses *Nouvelles Obser-vations Microscopiques*, a fait un Chapitre exprès *sur la Langue du Lézard*, où il s'exprime en ces termes : le Lézard est un Animal fort commun en Portugal, & vraisemblablement aussi dans tous les pays chauds, où il est très-utile en détruisant un grand nombre de Mouches & d'autres Insectes incommodes qui se multiplieroient excessivement sans de tels ennemis. Sa figure est trop connue, pour que je doive m'arrêter à la décrire ; je me contenterai de remarquer que tout son corps est couvert d'écailles qui vûes au Microscope nous offrent un spectacle fort agréable. Cet Animal est Ovipare, & il dépose ses œufs dans de vieilles mazures où il se retire lui-même pendant l'Hiver ; & la chaleur de l'air suffit seule pour les faire éclore. M. *Marchant* a remarqué dans les *Mémoires de l'Académie Royale des Sciences*, année 1718

que ces Animaux avoient quelquefois
deux queues ; & c'est ce que *Pline* &
plusieurs autres avoient déjà observé
avant lui. On en trouve quelquefois de
tels en Portugal ; mais comme rien n'est
plus commun dans ce pays - là que de
voir les Enfans les tourmenter de toutes
sortes de façons, peut - être arrive - t'il
que leur ayant fendu la queue suivant sa
longueur, chacune des portions s'arron-
dit, & devient une queue complette ;
car il est très - ordinaire que si toute leur
queue, ou seulement une partie, se
perd par quelque accident, elle recroisse
d'elle - même : j'en ai vû une infinité
d'exemples ; & c'est là une perte à laquelle ils sont exposés tous les jours,
lors même qu'ils ne font que jouer entr'eux ; car les petites vertèbres osseuses
qui forment leur queue, sont très - fra-
giles, & se séparent aisément les unes
des autres : aussi voit - on très - souvent
des queues de toutes sortes de longueurs
à des Lézards, qui sont d'ailleurs de
même taille. Au reste, M. *Marchant*
nous apprend qu'ayant voulu être témoin
de cette production, l'expérience ne lui
a pas réussi, sans qu'il ait pu découvrir
à quoi il tenoit suivant lui, cette nouvelle queue est une espèce de tendon,

& n'eſt point formée par des vertèbres cartilagineuſes comme la vieille.

Quoique cette particularité ſoit étrangère à mon but principal , qui eſt de donner une deſcription de la langue du Lézard , je me ſuis cependant fait un plaiſir d'en parler , parce qu'elle a quelque analogie avec la vertu réproductrice du Polype , qui depuis quelque temps occupe ſi agréablement l'attention de tous les Curieux , & parce qu'elle eſt , je penſe , le ſeul exemple de cette eſpèce , connu juſqu'à préſent dans un Animal terreſtre.

La langue du Lézard eſt fourchue ; il la lance avec une très-grande vîteſſe , & elle eſt admirablement bien travaillée , pour ſaiſir la proye dont il ſe nourrit : vûe au Microſcope , elle paroît dentelée ſur ſes bords comme une ſcie , & l'on remarque des ſillons ſur toute ſa ſurface convèxe ; cela lui ſert vraiſemblablement à mieux retenir ſa proye , qui étant aîlée , pourroit lui échapper aiſément. Au reſte , c'eſt ici un ſujet qui n'a pas beſoin d'être décrit amplement : la ſeule figure à laquelle je renvoye le Lecteur , en donnera une idée beaucoup plus juſte que tout ce que je pourrois en dire ; je dois ſeulement avertir qu'elle a été tirée

D vj

d'après une langue que j'ai preſſée & ſé-
chée entre deux glaces, pour la rendre
plus tranſparente, & pour obliger les
dents à ſe montrer : autrement celles-ci
reſtent appliquées contre les bords, au
moins quand l'Animal eſt mort ; car lorſqu'il eſt en vie, il y a grande apparence
qu'il peut les faire ſortir, ou les retirer
à volonté. A la vérité, en préparant ainſi
cet objet pour le Microſcope, j'ai effacé
en partie les ſillons dont il eſt entrecoupé,
& il n'en reſte plus que de légères traces :
c'eſt ce dont il eſt à propos d'être averti,
pour qu'on ait une idée plus juſte de ſa
figure dans ſon état naturel.

Nous croirions bien volontiers, ſur
la foi de M. *Néedham*, indépendam-
ment même de la figure à laquelle il renvoye le Lecteur, que la langue du Lézard
eſt telle qu'il vient de la décrire : mais
quant à la conjecture qu'il avance touchant la formation de la double ou triple queue du Lézard, il nous ſemble
qu'on peut la regarder comme peu fondée. Ce qu'il y a de certain, c'eſt que
nous avons eû en vie un Lézard commun qui avoit deux queues de même
groſſeur & longueur ſans nulle apparence
de bleſſure ou de cicatrice, & qui fut
trouvé dans un endroit où les enfans ne

pouvoient pas l'avoir mutilé. Celui que *Rédi* a représenté, avoit trois queues inégales & toutes différentes. Or ne se-croit-il pas plus raisonnable de penser que ce sont là autant de monstrosités qui dé-pendent de la Nature, laquelle se joue tous les jours de mille manières dans ses opérations? Mais nous ne saurions nous empêcher de rapporter ici l'Obser-vation de M. *Marchant* & les Réflexions qui l'accompagnent, telles qu'on les trouve dans les *Mémoires de l'Académie Royale des Sciences*, cités par Monsieur *Néedham*.

M. *Marchant* ayant apperçu dans son jardin un Lézard gris à deux queues, le tua pour l'avoir en sa disposition, & l'examiner à son loisir. Il n'avoit rien de singulier que les deux queues. L'une, qui pour sa direction auroit semblé de-voir être la seule, étoit un peu la plus grosse, mais la plus courte. Aussi elle paroissoit avoir été coupée vers l'extré-mité; car elle ne se terminoit pas en une pointe fort menue comme elle auroit dû, mais en une assez grosse & assez ob-tuse. Elle n'avoit que seize lignes de long, & les queues de ces Animaux ont ordi-nairement trois pouces & davantage, Elle étoit un peu applatie en dessus, &

presque toute droite. La seconde située à droit de la première, se jettoit à droite & se courboit en dehors. Elle avoit trente-deux lignes de long sur deux de diamètre à son origine, également ronde en dessus & en dessous, & terminée par une pointe aigue. Il y a des bandes ou ceintures qui couvrent le Lézard depuis les pieds de derrière jusqu'au bout de la queue, & M. *Marchant* a observé que ces bandes qui paroissent séparées & composées d'écailles, ne sont cependant qu'une peau continue, mais godronnée de façon que les différens plis ou godrons se recouvrent les uns les autres, & c'est là ce qui fait les ceintures. C'étoit du bord de la dernière ceinture, posée sur le corps du Lézard observé par M. *Marchant*, que naissoient les deux queues. On pouvoit même soupçonner la naissance d'une troisième. C'étoit une petite appendice de deux lignes de long sur une demi-ligne de diamètre, située deux lignes au-dessus de la biffurcation des deux queues, & qui par sa structure extérieure sembloit en devoir aussi devenir une. L'Animal étant disséqué, on trouva qu'au lieu que dans les Lézards ordinaires la queue est formée par de petites vertèbres osseuses, ce qui la rend

très cassante , dans celui-là les deux
queues , & même la naissance de la troï-
sième , si c'en étoit véritablement une ,
n'étoient formées que par des Cartilages,
ce qui les rendoit moins cassantes & plus
fléxibles. *Aristote* rapporte que si l'on
coupe la queue à un Lézard ou à un Serpent, elle leur revient , & après la réproduction constante des jambes des
Ecrevisses , dont nous avons parlé , ce
fait peut être aisément admis. M. *Per-*
rault dans ses *Essais de Physique*, dit
que la queue ayant été coupée à un Lézard verd, elle lui revint , & qu'au lieu
de vertèbres, on y trouva un Cartilage
de la grosseur d'une grosse épingle. Quoique les Lézards d'*Aristote* & de M. *Per-*
rault ne fussent pas trop dans le cas de
celui de M. *Marchant* , il voulut éprouver la réproduction de la queue dans
des Lézards gris , tels que le sien. Mais
l'expérience ne lui a point réussi , & il n'a
pû découvrir à quoi il tenoit. Ce qui se
rapporte précisément à son Observation ,
c'est ce que dit *Pline*, qu'on trouve des Lézards à double queue. *Jonston* & plusieurs autres l'ont avancé aussi , mais en
laissant à désirer beaucoup de circonstances nécessaires. Ainsi il faut s'en tenir
à un fait bien averé ; le temps en ap-
prendra davantage.

Les Lézards gris aiment beaucoup à se chauffer aux rayons du soleil : aussi sont-ils bien plus communs dans les pays chauds , que dans les pays froids ; ils restent cachés dans leurs trous pendant tout l'hyver , étant engourdis par le froid ; au premier printemps ils se réveillent , mettant le nez à l'air , s'accouplant vers la fin du mois de Mars ou en Avril ; & dans l'accouplement ils s'entortillent l'un avec l'autre , de façon qu'ils semblent représenter un seul corps à deux têtes comme font les Serpens : ensuite les fémelles vont pondre leurs œufs dans la terre au pied des murs exposés au Midi , où la chaleur du soleil les fait éclore au bout d'un certain temps. Ils habitent dans les Cavernes , les vieilles murailles , les masures , les décombres & les bâtimens ruinés ; ils se nourrissent de Mouches , de Fourmis , de Grillons , de Sauterelles , & sur-tout de Vers de terre. Plus il fait chaud , & plus ils sont vifs & alertes ; ils courent quelquefois avec tant de rapidité , qu'ils paroissent voler comme des Oiseaux. Ils aiment l'homme , & le contemplent avec une sorte de complaisance ; ils succent avidement la salive des enfans , qui en font leur jouet & leur amusement , soit en les renfermant dans des boëtes pleines de son, soit en les faisant battre ensemble. On peut les manier impunément & sans aucun risque. Les Anciens ont même prétendu qu'ils veilloient à la sûreté de l'homme, & qu'ils le défendoient contre les Serpens : de-là vient qu'ils ont nommé le Lézard *Ami de l'Homme*, & *Ennemi du Serpent*. Mais *Gesner*, ainsi qu'*Erasme* dans son *Colloque sur l'Amitié*, attribue ces belles qualités préférablement au Lézard verd. S'il arrive qu'on leur mette un peu de Tabac en poudre dans la gueule, ils entrent aussi-tôt en convulsion, & meurent dans le même moment. Ces Animaux changent de peau deux fois l'année ; savoir, au Printemps & en Automne, à la manière des Serpens.

Le petit Lézard gris ou commun de nos jardins s'appelle en Grec *Sauros* ou *Saura* ; en Italien *Lucertone* ou *Lucertola* ; en Allemand *Gemein* ou *Grau Hagediss* ; en Anglois *Common Eft*, *Lisard* ou *Swift* : or le mot François *Lésard* ou *Lézard*, jadis *Laisard* ou *Laizard*, *Laisarde* ou *Laizarde*, & par corruption *Lisarde* ou *Lysarde*, vient du Latin *Lacertus* ou *Lacerta*. Quelques-uns pour distinguer les deux sexes, appellent le mâle *Lézard* , & la fémelle *Lézarde.* Cette diftinction ne nous déplairoit pas. On nomme vulgairement fes petits *Lézardaux* ou *Lézardins.*

Le Lézard verd ; *Lacerta viridis* , Offic. Ind. Med. 64. Dal. Phar. 432. *Lacertus viridis* , Gefn. *de Quad.* Ovip. 40. Aldrov. *de Quad.* Ovip. 633. Jonft. *de Quad.* 134. Charlet. Exerc. 28. Schwenckf. Rept. Siles. 148. Raij Synop. Anim. Quad. 264. Linn. Faun. Suec. 255. *Lacertus Hybernicus* , Mer. Pin. 169. *Lacertus feu Lacerta major* , *quæ & viridis dicitur* , Nonnull.

Il eft femblable au précédent , tant pour la forme extérieure que pour la ftructure intérieure , mais deux ou trois fois plus grand que le Lézard commun. Il eft un peu bas fur jambes , & cependant très - alerte. Il a tout le deffus du corps d'un verd luifant & agréable à la vûe qui le rend le plus beau des Lézards , fur-tout au Printemps lorfqu'il a changé de peau , car quelquefois il eft d'un verd pâle ; & le ventre blanchâtre. Il aime les pays chauds : auffi eft - il très - fréquent en Italie & dans nos Provinces Méridionales , mais fort rare en Suiffe & en Allemagne. Il eft affez commun en Gâtinois & en Sologne. Il fe trouve dans les par-

les Méridionales de la Suède, selon M.
Linnæus, & en Irlande, suivant *Ray*.
Il habite ordinairement dans les Broffailles, les buissons, les bruyères; souvent il avertit les Passans, & leur fait
peur par le bruit qu'il excite en courant
rapidement à travers les feuilles sèches;
puis il s'arrête tout-à-coup, & semble
regarder l'homme avec une certaine admiration. Quand on veut lui donner un
coup de canne, il tâche de l'esquiver en
sautant assez haut : mais il n'a jamais fait
de mal à personne ; car il n'a aucun venin. Néanmoins il y a des Chasseurs qui
prétendent que sa morsure est venimeuse, & qu'on a vû des Chiens qui en ont
pensé mourir : mais nous croyons qu'ils
se trompent, & que ces Chiens avoient
été mordus d'une Vipère. Il est vrai que
le Lézard verd est extrêmement colère,
& que quand une fois il peut saisir un
Chien par le nez il se laisse emporter au
loin malgré les violontes secousses & les
coups de pattes que lui donne le Chien ;
car il ne démord point jusqu'à la mort :
mais nous ne voyons pas que sa morsure
soit jamais suivie d'aucun accident. Les
mêmes Chasseurs disent que dans la saison des nids des Oiseaux il gobe leurs
œufs aussi fréquemment pour le moins

que le Coucou, & que c'eſt pour cette
raiſon principalement qu'il grimpe aux
arbres : mais nous ſouhaiterions en avoir
des témoignages plus avérés.

On trouve quelquefois des Lézards
verds à deux queues, comme nous avons
dit qu'il s'en trouvoit de pareils parmi
les Lézards gris. *Aldrovande* en a repré-
ſenté deux à double queue. Si l'on coupe
la queue en tout ou en partie à un Lézard verd, elle lui repouſſe, comme
nous l'avons déjà inſinué ci - deſſus : c'eſt
un fait confirmé dans l'*Hiſtoire de l'Académie Royale des Sciences*, année 1686,
de la manière ſuivante.

M. *Thevenot* ayant coupé la queue à
un Lézard verd, il lui en revint une autre, ſoit que ce fût une véritable queue,
ou un calus. En douze jours elle crut de
près de huit lignes. Vingt jours après elle
étoit augmentée. M. *Du Verney* ayant
fait la même expérience ſur un autre Lézard, la queue s'allongea auſſi ; mais il
n'y avoit à la place de la queue coupée
qu'un cartilage creux recouvert d'une
peau. M. *Perrault* a recherché de quelle
manière cette reproduction ſe pouvoit
faire : il avoit coupé la queue d'un pouce de longueur à un Lézard verd d'environ ſept pouces de long. Au bout de

quinze jours une partie semblable à celle qui avoit été coupée reparut : elle n'en différoit absolument à l'extérieur que par la couleur ; mais en dedans elle n'avoit ni les vertèbres ni les muscles qui étoient à la partie coupée ; il n'y avoit qu'un cartilage de la grosseur d'une grosse épingle, enveloppée d'une peau garnie de fibres & de vaisseaux comme la première, & recouverte comme elle d'écailles semblables à celles du reste du corps de l'Animal. Cette reproduction paroît à M. *Perrault* fort différente de celle des plumes des Oiseaux, des bois des Cerfs, des dents des Animaux. Ces choses-là sont contenues en nature, mais en petit, dans des espèces de Matrices, d'où elles sortent en se développant lorsque le besoin de l'Animal le demande, & que rien ne s'oppose à leur accroissement. M. *Perrault* ayant arraché à un petit Crocodile des dents qui branloient, a trouvé dans les Alvéoles d'autres dents très-petites, mais très-bien formées, qui devoient croître à la place des premières. Il a fait encore d'autres Observations de même nature sur d'autres parties de différents Animaux. Mais la reproduction de la queue du Lézard ne pourroit pas venir du même principe,

M. *Perrault* après diverses réflexions fu[r]
ce sujet, & en suppofant que tout c[e]
qui doit avoir vie eft actuellement for[-]
mé dans l'œuf, & qu'il y a des partie[s]
qui fe développent les unes avant le[s]
autres, & fait voir que c'eft par un femblable développement que la reproduction s'eft faite dans le Lézard, de
même que dans les ulcères on voit paroître de la chair & des vaiffeaux qui
femblent être produits de nouveau.

Le célèbre M. *Du Verney* a fait voir
que la peau qui couvre la partie interne
de la cuiffe du Lézard verd eft percée de
dix ou 12 trous qui répondent à autant
de glandes.

Le Lézard verd ou le grand Lézard,
ainfi nommé à raifon de fa couleur & de
fa taille, s'appelle en Grec vulgaire *Chlo-
rofaura* pour *Saura Chlora* qui fignifie la
même chofe que notre mot François,
autrement *Ophiomachos* à caufe qu'il
combat contre les Serpens, dont il devient le plus fouvent la proye; en Italien
Ramarro; en Allemand *Gruener Hage-
diff*, & en Anglois *Green Lizard*. Le
vulgaire le nomme *Lézarde verte*.

Le Lézard contient beaucoup d'huile
& de Sel volatil. *Cælius Aurelianus* nous
apprend que les Afriquains ont coutume

de manger des Lézards verds. Les Amé-
riquains mangent auffi la chair d'un
grand Lézard verd bigarré de diverfes
couleurs qu'on appelle *ivana* ou *iguana*,
autrement *Senembi* & *Ouáyamaca* : on
affûre même que fes œufs rendent le
potage auffi excellent que pourroient
faire nos œufs de Poules. Quant aux Européens, ils ne paroiffent pas avoir du
goût pour aucune forte de Lézards.

Les Lézards font regardés en Médecine comme fortifiants & réfolutifs : mais
leur ufage eft très-borné ; on ne s'en
fert qu'extérieurement lorfqu'il s'agit
d'ouvrir les pores de la peau, de forti-
fier les parties, & de réfoudre les humeurs qui y féjournent. On préfère le
Lézard verd comme le meilleur & le
plus eftimé quand on le peut trouver :
mais comme il eft affez rare dans bien
des pays, on lui fubftitue le Lézard ordinaire des murailles qui a à peu-près les
mêmes vertus. On prépare une huile de
Lézards par infufion, & une par coction :
la première, en faifant infufer fimple-
ment dix ou douze Lézards vifs dans une
demi - livre d'huile commune ; elle eft
eftimée en liniment pour diffiper les
rougeurs ou taches du vifage, & les
Dartres légères ou farineufes de la peau :

la seconde, en faisant bouillir doucement quinze ou vingt Lézards, suivant
leur grosseur, dans deux livres d'huile
d'Olives & trois onces de bon vin blanc,
on cuit le tout jusqu'à ce que la plus grande partie de l'humidité aqueuse des Lézards soit consommée : alors on coule
l'huile avec une forte expression, & on
la garde pour le besoin. Elle est résolutive & fortifiante ; on s'en sert en liniment pour les hernies réduites, les couvrant d'une compresse, ce qui se réitère
jusqu'à la guérison, & pour faire croître
les cheveux. Quelques - uns pour la rendre plus efficace, y ajoûtent la poudre
d'Encens, de Myrrhe, de Mastic, de
Sarcocolle, & de Résine de Pin : mais
M. *Lemery* dit dans sa *Pharmacopée*
qu'il suffit lorsqu'elle est refroidie, d'y
ajoûter deux onces de bon Esprit-de-Vin
pour lui donner toute la vertu dont elle
est susceptible. Si l'on en croit *Schwenckfeld*, le Lézard verd enfermé vivant
dans un sachet & lié sur un Ictérique jusqu'à ce qu'il meure attire à soi la jaunisse. Suivant *Serenus Sammonicus* &
quelques autres Médecins, le sang de
Lézard emporte les Verrues, si on les
en frotte. *Galien* & *Platerus* assûrent que
la poudre de Lézard appliquée sur les

dents

dents douloureuses les rend faciles à arracher, & que si l'on met du sang de
cet Animal dans le trou d'une dent ca-
riée, elle tombe peu-à-peu par morceaux
sans causer de douleur. La fiente de Lézard délayée dans une Eau Ophthalmique fortifie la vûe, emporte les tayes
des yeux, & en dissipe la rougeur & la
démangeaison.

Le Lézard verd fait la base de l'huile
de Lézards de la Pharmacopée de Paris.

Le Scinc ou Scinque Marin; *Scincus*,
Offic. Schrod. 346. Dal. Pharm. 432.
Lemer. 792. Rondel. *de Pisc.* 231. Bel-
lon. *de Aquat.* 47. Aldrov. *de Quad.*
Ovip. 658. Jonst. *de Quad.* 138. *Scincus
Lacerti species*, Ind. Med. cvij. *Scincus
Marinus*, Mont. Exot 6. *Scincus, quem
& Crocodilum terrestrem vocant*, Gesn.
de Quad. Ovip. 24. *Scincus seu Crocodi-
lus terrestris*, Raij Synop. Anim. Quad.
271. *Lacerta Scincus*, Hasselq. Soc. R.
Upf. 30. *Lacerta cauda supremè Cylindri-
ca, apice attenuata compressa, pedibus
pendactylis, digitis Lobato-squamosis*,
*Ejusd. Ibid. Lacerta cauda tereti, collo
crassitie capitis, pedibus pentadactylis
marginatis*, Lin. Mat. Med. *Stincus, seu
Crocodilus minor*, Quorumd.

Selon M. *Frédéric Hasselquist*, Docteur

Tome II. Partie II.　　　　　　E

en Médécine, & Membre de la Société
Royale des Sciences d'Upfal, le Scinc
a la tête avancée, contiguë au corps,
oblongue, un peu courte, effilée infenfiblement jufqu'à fon extrémité, un peu
convèxe au fommet & applatie fur les
côtés, finueufe au moyen d'une large
finuofité qui parcourt les deux côtés
de la tête depuis la pointe jufqu'à la
bafe ; la mâchoire fupérieure plus longue
que l'inférieure, déprimée, mince, un
peu mouffe, platte en-deffous, entière,
formant le bec ou l'extrémité de la tête
étendue fur les côtés par - deffus l'inférieure ; la mâchoire inférieure triangulaire, mouffe par le bout ; les narines
aux côtés de la tête fur le bord du bec,
circulaires, un peu amples ; la langue
faite en-forme de cœur, pointue par le
bout, échancrée à fa bafe, d'une fubftance un-peu épaiffe, charnue ; l'ouverture de la gueule médiocre ; les dents
des deux mâchoires, courtes, égales,
un peu mouffes à la pointe, contiguës &
applaties fur les côtés ; les yeux fitués
vers la bafe de la tête, près le bord du
fommet ; l'Orbite en forme de lance oblongue ; l'Iris brune, & la Prunelle noirâtre ; point de col, à moins qu'on ne
veuille ainfi qualifier la partie du corps

qui est entre la tête & les pieds de devant, quoiqu'elle ne soit pas distinguée du corps pour la grosseur ou pour la figure; le corps ovale-oblong, égal, anguleux sur le dos par un angle longitudinal, convèxe, élevé, lequel commence un peu au-dessous de la tête & va se terminer près des pieds de derrière; la queue continue au corps, cylindrique & grosse supérieurement, allant en diminuant insensiblement de grosseur depuis les pieds de derrière jusqu'au bout où elle est effilée & applatie; quatre pieds égaux, dont ceux de devant sont éloignés d'un pouce de la base de la tête; & ceux de derrière situés deux pouces au-dessus de l'extrémité de la queue, aux deux côtés de l'Abdomen; les jambes applaties, égales, genouillées au milieu, convèxes extérieurement, sillonnées en-dedans longitudinalement; cinq doigts à chaque pieds, fendus, déliés, convèxes en-dessus, un peu plats en dessous, articulés, successivement plus courts depuis l'extérieur jusqu'à l'intérieur, ceux de derrière étant plus longs que ceux de devant, supérieurement couverts d'écailles qui sont de chaque côté étendues en manière de Lobe, arrangées comme des Tuiles l'une sur l'au-

E ij

tre , diftinguées fur le bord par une finuofité triangulaire ; de forte que la figure du Lobe inférieur eft dans tous les
doigts femi-circulaire, & fa fituation ho-
rizontale , la figure des autres étant
triangulaire , un peu aiguë , & leur fituation regardant obliquement la pointe ; le bout des doigts nud, un peu mouffe , un peu convèxe en - deffus , concave
en - deffous , ce qui tient lieu d’ongles ;
la tête, les pieds & tout le corps couverts d’écailles ; celles du fommet de
la tête amples, irrégulières , peu nom-
breufes ; le bord de la mâchoire fupérieure revêtu de cinq écailles perpendiculaires, un peu larges, un peu enfaî-
tées l’une fur l’autre , & un peu crene-
lées fur les bords ; les écailles du corps
rangées comme des Tuiles fur un toit,
rhomboïdales, plus larges aux côtés op-
pofés ; les écailles de l’Abdomen & des
pieds, de la même figure & fituation
que celles du corps, mais plus petites ,
toutes liffes, luifantes, un peu larges ,
minces ; le fommet de la tête d’un verd
de mer tirant fur le jaune ; le dos vers le
milieu des côtés de l’Abdomen, compofé alternativement d’anneaux noirâtres & jaunâtres ; le refte des côtés, la
gorge, l’Abdomen & les pieds blanchâ-

tres. L'Animal a pour l'ordinaire un empan & un pouce de longueur, & deux pouces de grosseur vers le milieu de l'Abdomen. Il habite en Egypte, aux lieux montagneux qui sont entre les monticules. Les gens de la Campagne le portent au Caire, d'où il est transporté par Alexandrie à Venise & à Marseille, & de-là répandu en Europe dans les Boutiques des Apothicaires. C'est une méprise de plusieurs Auteurs d'avoir pris le Scinc Marin pour un Poisson.

Pomet le nomme *Stinc Marin*, & la description qu'il en fait approche assez de la précédente. Selon lui, on trouve quantité de petits Stincs dans le Nil en Egypte, d'où ils nous sont apportés par Marseille, à la la réserve des entrailles & du petit bout de la queue. On doit les choisir gros, longs, larges, pesants, secs, entiers, & le moins mangés de Vers qu'il se pourra, à quoi ils sont sujets. Le R. P. *Du Tertre* dit qu'il a vu non-seulement à la Guadeloupe, mais encore dans d'autres Isles de l'Amérique, de véritables Stincs, tout semblables à ceux qu'on nous apporte d'Egypte. C'est une sorte de Lézard que les Habitans de la Guadeloupe appellent Mabouya, & dans quelques autres Isles

Brochet de Terre. Ces Stincs font plus charnus que les autres Lézards, ont la queue plus groſſe, & les jambes ou pattes ſi courtes, qu'ils rampent contre terre : toute leur peau eſt couverte d'une infinité de petites écailles, comme celles des Couleuvres, mais d'une couleur jaune, argentée & luiſante comme s'ils avoient été graiſſés d'huile : leur chair eſt bonne contre les venins & les bleſſures des flèches empoiſonnées, pourvu que l'on en uſe modérément ; car ils deſſèchent plus les humeurs que les autres Lézards.

Proſper Alpin dans ſon *Hiſtoire Naturélle d'Egypte*, propoſe ainſi ſes difficultés ſur le ſujet dont il s'agit ; les Egyptiens ont en abondance de ces ſortes de Lézards qu'ils appellent *Scincs*, que *Dioſcoride* & les autres ont appellés *Crocodiles terreſtres.* Ceux qu'on apporte d'Egypte à Veniſe, reſſemblent beaucoup à nos Lézards ; mais ils ſont plus gros, plus larges, & d'une couleur jaunâtre avec quelques taches noirâtres ſur le dos. *Serapion* nous donne le Scinc pour une eſpèce de Lézard d'eau étoilé. C'eſt un Animal amphibie qui vit dans l'eau du Nil & ſur la terre. Mais quoique je n'ignore pas que preſque tout le monde a employé cette sorte de Lézard pour le véritable Scinc, il m'a toujours semblé que cela souffroit beaucoup de difficulté, vu que le Scinc ordinaire si connu dans les Boutiques à Venise ne répond point à celui des Anciens ; car d'abord il est constant selon *Dioscoride* que le Scinc est le Crocodile terrestre rendurci par le sel. Or quelle ressemblance y a-t-il pour la grandeur & pour la figure entre notre Scinc commun & le Crocodile ? Pour la taille, le Crocodile est à son égard comme l'Elephant à l'égard du Rat : De plus, a-t-on jamais vû un Scinc long de deux coudées, comme l'a écrit *Pausanias* ? Il n'est guères croyable qu'*Herodote* ait voulu entendre des Scincs par ces Crocodiles terrestres qui naissent chez les Nomades de la grandeur de trois coudées au plus, & qui ressemblent à nos Lézards : à quoi il faut ajouter qu'on n'observe pas dans les reins du Scinc une vertu aphrodisiaque aussi puissante que l'ont voulu faire accroire les Arabes. Je croirois donc plutôt que ce Lézard terrestre semblable au Crocodile, long d'une coudée, couvert de très-petites écailles rondes & d'une peau mince assez blanche, à queue ronde & courte, d'un naturel doux, qui ne fait point de mal & qui mord rarement, est le vrai Scinc des Anciens, dont les reins sont si vantés pour réchauffer les vieillards & les gens froids. Ces sortes de Lézards se trouvent abondamment au-dessus de Memphis dans les lieux secs : mais je pense que ces Animaux sont amphibies, c'est-à-dire, qu'ils vivent indifféremment sur la terre & dans l'eau.

En général, les Auteurs ont cru que le Scinc étoit un Animal amphibie, plus aquatique même que terrestre : aussi les Scincs qu'on apporte du Levant à Venise, passent-ils pour avoir été pris dans le Nil ou dans la Mer-rouge. Néanmoins le docte *Saumaise* dans ses *Notes sur Solin*, remarque que le Scinc n'est point aquatique, quoiqu'il habite auprès du Nil & aux environs de la Mer-rouge. Or comme cet Auteur s'accorde ici avec M. *Hasselquist*, nous adoptons volontiers son sentiment.

Le mot François *Scinque*, jadis *Scince* & par corruption *Stinc* ou *Stinque*, vient du Latin *Scincus* dérivé du Grec *Skingos* ou *Skincos* : Le Scinc marin s'appelle en Italien *Scinco* ; en Allemand *Erd-Crocodill*, & en Anglois *Scinck*. On le nomme autrement *Petit Crocodile* ou *Croco-*

dile terrestre, pour le distinguer du vrai Crocodile du Nil, le plus énorme & le plus terrible de tous les Lézards, qui ayant trente coudées de longueur dévore indistinctement les hommes & les autres Animaux qu'il peut attraper.

Le Scinc contient beaucoup de sel volatil & d'huile. On fait usage en Médecine de l'Animal entier ; on le regarde comme Alexipharmaque, comme un Remède fortifiant & propre pour échauffer les personnes d'un tempérament froid & les disposer à la génération : il entre dans la Thériaque en qualité d'Alexipharmaque, & les Italiens en font beaucoup de cas à cause de sa propriété prolifique : mais nous ne croyons pas ces deux vertus fort considérables dans ces Animaux, sur-tout dans ceux qui se vendent à Venise & qui entrent dans la Thériaque ; car *Prosper Alpin*, *Schroder* & plusieurs autres Médecins Naturalistes assûrent que ces derniers ne sont point le véritable Scinc des Anciens, & qu'on ne reconnoît point la même vertu dans leur usage. La chair des Reins du véritable Scinc est la seule partie qui soit recommandée par *Galien*. *Pline* & *Matthiole* donnent la préférence à la tête & aux pieds de l'Animal. Pour nous,

E v

nous croyons avec M. *Lemery* qu'ils sont également bons dans toutes leurs parties : la manière de les préparer est de les faire sécher au soleil comme les Lézards, & de les réduire en poudre. La dose de cette poudre est d'un gros dans un verre de vin, ou incorporée avec quelque conserve. Il y a des Apoticaires ignorants qui substituent à la place du Scinc la Salamandre aquatique, & d'autres qui vendent des Lézards à double queue pour des Scincs.

M. *Hasselquist* nous apprend que les Arabes font un usage assez fréquent du Scinc en qualité de Remède aphrodisiaque, & que ce Remède n'est pas non plus méprisé des Egyptiens, mais abandonné des Européens. Il ajoute qu'au moyen de la poudre de l'Animal séché incorporée avec quelque ingrédient stimulant on prépare un électuaire, & même avec la chair fraîche du Scinc un bouillon qui est en usage chez les Arabes.

Le Scinc entre dans la Thériaque de Venise, dans l'électuaire *Diasatyrion*, & dans le Mithridat de la Pharmacopée de Paris.

R A N A.

Raine.

LEs Raines ou Grenouilles se divisent en aquatiques & en terrestres. Entre les premières, nous décrirons principalement la Grenouille vaste ordinaire; & entre les dernières, le Crapaud de terre, parce que ces deux espèces sont d'un plus grand usage en Médecine.

La Raine ou Grenouille aquatique vaste ou commune ; *Rana*, Offic. Dal. Pharm. 434. Rondel. *de Aquat*, 218. Bellon. *de Aquat.* 54. Aldrov. *de Quad.* Ovip. 89. Charlet. Exer. 27. Schonev. ichth. 59. Merr. Pin. 169. *Rana nostras viridis*, Ind. Med. 96. *Rana aquatica*, Schrod. 331. Jonst. *de Quadr.* 130. Schwenckf. Rept. Silef. 155. Raij Synop. Anim. Quadr. 247. *Rana aquatica & innoxia*, Gesn. *de Quadr.* Ovip. 46. *Rana temporaria*, It. Oel. 154. *Rana manibus tetradactylis fissis, plantis hexadactylis palmatis, pollice longiore*, Linn. Faun. Suec. 250. *Rana viridis, amphibia, edulis ; Rana vulgaris, remigans, in aquis degens, seu paludum incola*, Nonnull.

E vj

La Grenouille eſt un Animal amphibie, plus aquatique que terreſtre, très-vivace. Elle a le corps long de deux pouces & demi, large d'un pouce dans ſon milieu, couvert d'une peau liſſe, dure, pliſſée en quelques endroits longitudinalement, verte en-deſſus, tachetée de points bruns, noirs, livides plombés, & de marques jaunâtres, blanchâtre en-deſſous; le dos applati & comme écraſé; le ventre ample, gonflé; la tête groſſe, un peu platte; les yeux grands, ſaillants, à fleur de tête, avec une prunelle noire, une iris jaune dorée, & une membrane clignotante, tranſparente, bleuâtre, ſemblable à celle qui ſe voit aux yeux des Oiſeaux; les narines petites, rondes, ſituées vers l'extrémité de la mâchoire ſupérieure; les oreilles exactement recouvertes par une continuité de la peau en forme circulaire; la bouche grande, très-fendue; la mâchoire ſupérieure armée d'une rangée de petites dents, outre deux grandes dents ſituées au palais, l'une à droite, l'autre à gauche, dont chacune à trois éminences aiguës tournées en dedans, imperceptibles à la vûe ſimple, mais ſenſibles au toucher; la langue longue, aſſez large, fortement adhérante au bout de la mâchoire infé rieure, & libre vers le fond du gozier, comme dans les Poiſſons, ce qu'ont bien remarqué *Pline* & *Ariſtote* ; peu de cervelle dans le crâne ; quatre pieds, dont ceux de devant ſont plus courts, n'ayant ordinairement qu'un pouce de longueur, terminés chacun par une eſpèce de main à quatre petits doigts détachés, & ceux de derrière plus gros, plus charnus & plus longs, fournis de cinq doigts d'inégale longueur liés enſemble par des membranes luiſantes, cendrées, jaunâtres pictées de brun, pour pouvoir nager plus commodement ; l'anus ſitué ſupérieurement entre les cuiſſes ; l'œſophage ample, propre pour avaler des Scarabées & d'autres Inſectes tout entiers ; l'eſtomach de grandeur médiocre en apparence, mais capable d'une extenſion conſidérable ; les inteſtins grêles enveloppés d'un peu de graiſſe, leſquels font pluſieurs circonvolutions ; le *Rectum* aſſez gros, contenant en Eté des excrémens noirâtres & un peu liquides, les Poumons adhérants de chaque côté au cœur, diviſés en deux grands lobes ſemblables à une pomme de Pin & compoſés d'une infinité de véficules ou de cellules membraneuſes deſtinées à recevoir l'air & faites à peu près comme les cellules ou

Alvéoles des rayons de miel, enforte
que ces Poumons au lieu de s'affaisser
tout à coup comme font ceux des autres
Animaux demeurent tendus & gonflés
au gré de l'Animal ; le cœur petit, rougeâtre, piqté de brun, enveloppé de fon
Pericarde, féparé des viscères du Bas-
ventre par le diaphragme, n'ayant qu'un
feul ventricule comme dans la Tortue
& les autres amphibies ; le foye grand,
de couleur rouge-jaunâtre, couché fur
l'eftomac, compofé de trois grands lobes
& d'un petit ; la veine cave divifée en
deux branches avant que d'entrer dans
le foye ; la véficule du fiel, fait en forme
de poire, fituéé dans le milieu du foye,
d'un verd bleuâtre; le canal Choledoque,
qui paffant par le Pancreas, va fe rendre
dans l'inteftin ; la Ratte petite, ovale,
rougeâtre, fituée au côté gauche, un
peu inclinée vers le droit ; les reins ana-
logues à ceux des Poiffons, environnés
de plufieurs fachets oblongs adipeux,
remplis d'une fubftance huileufe, qui
tiennent la place d'Epiploon ; les Tefticules dans le mâle, placés près des Reins,
intimément liés aux fachets adipeux,
quoiqu'on n'y apperçoive aucun veftige
de membre génital ; & dans la fémelle
deux Ovaires comme dans le Serpent,

le Lézard & la Salamandre , avec des points noirâtres au milieu de la substance blanche , qui constituent le fœtus de la Grenouille , la Trompe de *Fallope* y forment plusieurs circonvolutions , à la manière des intestins ; la maille de l'Epine d'égale épaisseur dans tout son trajet , quoiqu'elle donne naissance à un grand nombre de filets de nerfs ; & à chaque côté de l'Epine , le long des vertèbres , certains corpuscules ovales , blancs comme de la nacre de Perle , en forme de Ganglions ; trois rameaux de nerfs , qui partant de l'extrémité inférieure de l'Epine , se réunissent à l'entrée de la caisse , pour se distribuer ensuite aux muscles des pieds de derrière , & qui étant irrités ou piqués avec la pointe d'un scapel , font mouvoir ces muscles d'une façon admirable , même deux heures après qu'on a coupé la tête & arraché le cœur à l'Animal. C'est ce que nous avons observé nous-mêmes avec admiration. M. *du Verney* a fait voir à l'Académie Royale des Sciences sur une Grenouille fraîchement morte , qu'en prenant dans le ventre de l'Animal les nerfs qui vont aux cuisses & aux jambes , & en les irritant un peu avec le scapel , ces parties frémissent & souffrent une espèce de convulsion. Ensuite il a coupé ces mêmes nerfs dans le ventre, & les tenant un peu tendus avec la main, il leur a fait faire le même effet par le même mouvement du scapel. Si la Grenouille étoit plus vieille morte, cela n'arriveroit point. Apparemment il restoit encore dans ces nerfs des liqueurs dont l'ondulation causoit le frémissement des parties où ils répondoient, & par conséquent les nerfs ne servoient que des tuyaux, dont tout l'effet dépendoit de la liqueur qu'ils contiennent. Nous lisons dans l'Histoire de la même Académie une Observation *sur la peau de la Grenouille, & sur sa langue.* La voici.

M. *Méry* ayant fait une incision au ventre d'une grosse Grenouille, depuis l'os pubis jusqu'au milieu du sternon, trouva que sa peau n'étoit point unie aux muscles du ventre, ni à ceux du devant de la Poitrine. Entre la peau & les muscles du devant, il y avoit une cavité de figure ovale ; elle étoit seulement attachée par des membranes très-déliées & transparentes, dans les plis des aînes, aux parties latérales des muscles du ventre, & à la partie moyenne du sternon, où elle formoit trois petites cellules en-dedans. Elle ne tenoit aussi aux muscles latéraux du ventre que par de petites fibres qui fortoient de ces mufcles, & qui paroiffoient être de petits nerfs de la groffeur d'un cheveu. Elle formoit en chaque côté un fac qui s'étendoit depuis le pli fupérieur de la Cuiffe, jufqu'à l o-reille. Il obferva la même chofe à la peau du dos; elle n'étoit unie aux chairs, dans tout le derrière du corps, que par quel-ques petits filets, dont la plûpart fem-bloient fortir de l'Epine du dos, & qui paroiffoient être des veines, des artères & des nerfs joints enfemble. Par-là toute la peau de la Grenouille eft comme par-tagée en quatre facs féparés les uns des autres par des membranes très-déliées, unies d'un côté à la peau, & de l'autre aux mufcles du corps. Ces quatre facs étoient l'un au-devant, l'autre au-der-rière du corps, & les deux autres aux deux côtés. La peau de la Cuiffe n'étoit point attachée à fes mufcles, fi ce n'eft dans les plis des jointures; elle formoit deux facs, l'un au-devant, & l'autre en-arrière. La même chofe fe rencontre à la peau de la jambe, & à celles des pieds. Ayant coupé la peau depuis la partie moyenne du fternon jufqu'à l'ex-trémité de la mâchoire inférieure, il trouva qu'elle formoit en cet endroit deux cavités, l'une à la partie supérieure du sternon, qui descendoit dans le bras, l'autre dans la mâchoire, & qui répondoit aux cavités qui sont aux côtés du ventre. A la partie supérieure du sternon, M. *Méry* découvrit un trou qui le conduisit dans une troisième cavité formée par les muscles du dessous de la mâchoire ; la peau des bras formoit des sacs à-peu-près semblables à ceux du pied. Il trouva la langue de cette Grenouille d'une conformation particulière & fort différente de celle d'un grand nombre d'autres Animaux. Elle étoit attachée par sa base à la symphise des deux os de la mâchoire, que dans l'homme on nomme le menton. Elle étoit couverte en-dessous de fibres manifestement charnues, attachées d'un côté à un cartilage fait en forme de croissant, & placé au-devant de l'entrée du larynx : la pointe qui étoit fourchue, descendoit dans le fond du Pharinx. Au milieu du dessous de la langue, il y avoit un trou où commençoit une cavité qui s'étendoit jusques dans le cartilage en croissant. M. *Méry* croyoit que la Grenouille dardoit sa langue hors de sa bouche, & la retiroit ensuite dans le fond du Pharinx, par le moyen des fibres charnues qui la recouvrent en-deſſous. Mais il avertiſſoit qu'il falloit vérifier ces Obſervations ſur d'autres ſujets, ne les ayant faites que ſur un ſeul.

Swammerdam nous apprend que les Naturaliſtes ſe ſont trompés touchant la différence qui ſe trouve entre le mâle & la femelle des Grenouilles, & qu'il y a deux marques qui diſtinguent infailliblement le mâle de la fémelle; ſçavoir, 1°. deux petites veſſies tranſparentes élevées ſur la tête, qui ſont particulières au mâle; 2°. cette partie intérieure des pieds de devant, correſpondante au muſcle du pouce d'une de nos mains, qui eſt bien quatre fois plus groſſe dans le mâle que dans la fémelle.

La Grenouille eſt un genre d'Animal ſingulier, ſur-tout par rapport à la génération; car quoiqu'elle ſemble s'accorder avec les Poiſſons ovipares, elle en diffère néanmoins en quelque choſe. L'œuf de la Grenouille paroît ſous la forme d'un point noir, environné d'une certaine liqueur blanchâtre mucilagineuſe & viſqueuſe, revêtue d'une membrane fort déliée. *Oligerus Jacobæus* tient pour l'œuf de la Grenouille l'aſſemblage de la liqueur environnante & du point noir qui en occupe le centre; &

pense que ce point n'est autre chose que
le fœtus de la Grenouille, auquel la liqueur sert d'aliment. Mais quoiqu'il en
soit, nous tenons avec *Swammerdam* ce
point noir, pour l'œuf qui renferme le
fœtus de la Grenouille, lequel en sort
sous la forme de Têtard. Or le Têtard
nouvellement éclos semble se nourrir
pendant quelque temps de la liqueur visqueuse qui l'environne, quoiqu'il ne
la consomme pas toute entière ; car comme les parties de la liqueur se trouvent
séparées par l'eau qui s'y insinue peu à
peu, elle prend bien-tôt la forme d'un
nuage qui flotte sur la surface des eaux,
& n'est plus propre à nourrir le Têtard,
mais qui lui sert seulement de retraite
pour se reposer, quand il est las de nager. Ainsi le point noir répond à l'œuf
d'un Poisson, ou plutôt d'un Insecte ;
car le fœtus n'en sort point sous la
forme de Grenouille, comme le Poisson
sort de l'œuf sous la forme naturelle dont
il ne doit plus changer ; mais sous celle
de Têtard, pour prendre ensuite peu à
peu la figure d'une Grenouille, à la manière des Chenilles ou des Vermisseaux.
Au reste, l'œuf de la Grenouille différe
de l'œuf d'un Poisson ou d'un Insecte,
en ce qu'il est renfermé dans cette ge-

...ée visqueuse qui l'enferme de toutes parts, & qui sert de premier aliment au fœtus nouvellement né.

M. *Richard Waller*, aussi ingénieux que savant, a publié dans les *Transactions Philosophiques* les Observations qu'il a faites sur le fray de Grenouille, où l'on trouve entr'autres choses curieuses, 1º. que le point noir, dont nous avons parlé, est environné de deux liqueurs, dont l'intérieure qui l'entoure immédiatement, est claire & transparente, enveloppée d'une membrane, servant pendant quelque temps d'aliment au Têtard, & semblant répondre au blanc d'œuf qui se trouve dans les œufs des Oiseaux ; & l'extérieure plus trouble & mucilagineuse. 2º. Que les Têtards éclos s'attachent étroitement par la bouche à la surface extérieure des œufs qu'ils ont rongés pour en sortir, & que s'en étant une fois détachés, ils tombent sur le champ au fond de l'eau, sans pouvoir remonter à sa surface. 3º. Que la Grenouille s'accorde avec les Poissons épineux, en ce que le mâle ne s'accouple point avec la fémelle pour la féconder, mais répand sa semence sur les œufs, à la manière des Poissons. Si vous lui objectez : Pourquoi le mâle monte-t-il fur la fémelle, & qu'il la tient au Printemps très étroitement embraffée pendant quarante jours ? Il vous répond que c'eft afin d'être toujours prêt à féconder les œufs, dès que la fémelle les aura mis bas. Nous foupçonnons pourtant que ce n'eft pas pour rien que le mâle refte fi long temps fur la fémelle; & même la couleur des œufs changée dans l'Ovaire du blanc au noir, comme l'a obfervé M. *Needham*, nous porte à croire que le fœtus formé dès-lors dans l'œuf fe laiffe appercevoir à travers la coque, de même que dans les œufs des Chenilles, qui étant fécondés par la femence du mâle changent de couleur, parce qu'à travers la coque, on découvre la petite Chenille, témoins les œufs des vers à foye, qui étant naturellement blancs deviennent bleuâtres, après avoir été fécondés par le mâle.

Selon le même M. *Needham*, le long Ovaire de la Grenouille eft fitué fous le Diaphragme; c'eft-là qu'il prend fon origine; puis faifant plufieurs circonvolutions, il defcend vers la partie inférieure de l'Abdomen. D'abord les œufs vont fe rendre à une bourfe grife où paroît le premier changement de couleur, & de-là à un corps noir où les coques fe

montrent déjà teintes d'un noir enfoncé, & enveloppées d'une glu tenace.
Enfin ils fortent à la file par un double
vagin, étant liés enfemble avec cette
même glu que le vulgaire appelle mal-à-
propos *Sperme de Grenouilles*. Il m'eſt
arrivé plus d'une fois, ajoûte cet Obfervateur plein de fagacité, d'accoucher
une Grenouille qui étoit en travail, en
tirant avec la main le cordon jufqu'à
plus d'une aulne de longueur. Quand les
œufs font ainfi fortis, ils fe ramaſſent en
un tas, & c'eſt dans cette efpèce de nid
conſtruit de mucofités que les Têtards
éclofent peu-à-peu à l'aide de la chaleur
des rayons du Soleil.

M. *Du Verney* a remarqué auſſi que
cette matière gluante qui eſt dans le fray
de Grenouille étoit auparavant contenue dans l'*Oviductus*, & qu'une fort petite quantité de cette liqueur s'étend dans
l'eau comme la Gomme-Adragant pour
lier les œufs enfemble.

Quant à l'opinion de M. *George Ent*,
qui eſt que les Grenouilles s'accouplent
& font leurs petits par la bouche, nous
ne ſçaurions l'approuver, quoiqu'il en
appelle à l'expérience.

Vers le commencement du mois de
Mars, les Grenouilles fémelles dépo-

sent leur fray le plus souvent isolé &
flottant sur les bords des eaux basses ou
dormantes, quelquefois assujetti ou lié
autour de quelque branche d'aulne ou
de Saule qui trempe dans l'eau. Ce fray
peut contenir à la fois onze cens œufs,
selon *Swammerdam*. Si l'on en prend par
curiosité dans un verre ou un autre vase
plein d'eau qu'on expose ensuite au Soleil, on verra en peu de jours les petits
points ronds & noirâtres se dilater,
changer de figure, & faire paroître autant d'Animaux semblables à des Vermisseaux qui ont la tête grosse, les yeux
grands, la bouche ronde, la peau tachetée, la queue longue, un peu applatie en manière d'Aviron, allant en diminuant insensiblement de grosseur ; enfin ces Animaux qu'on nomme des Têtards, croissant de plus en plus parvien-
nent à pousser au dehors, d'abord les
pieds de derrière, puis ceux de devant ;
& alors la petite Grenouille ressemble
pour la forme à un Lézard : elle n'est
parfaite que quand sa queue est tombée
par dégrés. On remarque qu'une chaleur
immodérée les fait périr, & qu'étant
ainsi renfermés dans des vases ils n'ac-
quèrent leur entière perfection qu'au
bout de quatre ou cinq mois, faute

d'une

d'une nourriture convenable. Ils ne commencent à manger qu'après qu'ils se
sont dépouillés de la membrane dont
ils étoient revêtus, & leurs excrémens
verdâtres ressemblent à des Vermisseaux
entortillés ou à de menus intestins.

Telle est la génération naturelle des
Grenouilles ; & quoi qu'en disent bien
des gens prévenus d'idées populaires,
nous sommes fort éloignés de penser que
des Animaux pour la perfection desquels la Nature employe tant de temps
& d'artifice, puissent se former en un
moment du limon ou de la poussière dé-
trempée avec quelques gouttes d'eau de
pluye, ou bien dans un nuage épais.
C'est une chose si évidente, dit *Derham* dans sa *Théologie Physique*, que tous
les Animaux & même les Végetaux doivent leur origine à d'autres Animaux ou
Végetaux, que je n'ai pu m'empêcher
d'admirer souvent la paresse & le pré-
jugé des anciens Philosophes qui donnoient si facilement crédit à la doctrine
des générations spontanées ou équivoques enseignée par *Aristote*, ou plutôt
venue des Egyptiens. Comment pou-
voient-ils s'imaginer, par exemple, que
les Mouches, les Grenouilles, les Poux,
étoient produits par un mouvement

ſpontané, comme ils l'appelloient ; mais ſur-tout d'une manière auſſi romaneſque que la production qui s'en feroit dans les nues, pendant qu'ils voyoient parmi ces Créatures des mâles & des fémelles qui engendroient leur ſemblable, & qui pondoient des œufs ? C'eſt ainſi en particulier qu'ils croyoient que les Grenouilles étoient produites dans les nues, & qu'elles tomboient en-bas dans les ondées de pluye. J'appelle cette doctrine des Générations équivoques une doctrine Egyptienne, parceque vraiſemblablement elle tire ſon origine de l'Egyte. Par-là ils ſauvoient leur hypothèſe de la production des hommes & des animaux du ſein de la terre. Cette production, ſelon eux, s'étoit faite par le ſecours de la chaleur du Soleil. Pour prouver leur hypothèſe, les Egyptiens, au rapport de *Diodore de Sicile*, alléguoient l'obſervation ſuivante : qu'aux environs de Thèbes l'ardeur du Soleil fait éclore un nombre prodigieux de Souris, après que la terre a été arroſée par l'eau du Nil. De-là *Diodore* infère que de cette même manière tous les autres Animaux pouvoient bien être ſortis de terre dans leur première origine. Le Sçavant Evêque *Stillingfleat* croit que est du même Auteur qu'*Ovide*, *Mela*, *Pline* & d'autres ont emprunté la même hypothèse, sans s'être mis en peine si la chose étoit vraie ou non.

Mais écoutons là-dessus les réfléxions d'un Naturaliste du premier ordre, de *Ray*, dans son excellent *Traité de l'Exis-tence & de la sagesse de Dieu manifestées dans les Œuvres de la Création*, où il s'exprime en ces termes : quant aux Gre-nouilles produites par la pluye, & à leur génération dans les nues, quoique ce soit une chose attestée par plusieurs bons Auteurs, je l'estime fausse & ridi-cule. Je ne trouve même pas plus d'ap-parence que les Grenouilles puissent être engendrées dans les nues, que les Genets d'Espagne par le vent. Celui qui peut croi-re qu'il pleut des Grenouilles, peut égale-ment croire qu'il peut pleuvoir des Veaux. Au reste, ceux qui prétendent que les Grenouilles qui paroissent quelquefois en grand nombre après une ondée de pluye, ne sont pas à la vérité engendrées dans les nues, mais qu'elles sont formées d'une certaine poussière mêlée & fer-mentée avec de l'eau de pluye, ne ren-contrent pas mieux. *Fromondus* ne laisse pas d'admettre cette hypothèse, fondé sur un fait qu'il croit incontestable, à

F ij

cause de l'Observation qu'il en a faite
aux portes de Tournay aux Pays – Bas,
où il fit venir tous ses amis pour être témoins d'un si beau spectacle & l'admirer
avec lui. « Une grosse pluye, lui dit il,
» étant survenue & tombée sur une pous-
» sière très – sèche, il y parut en un ins-
» tant une si prodigieuse quantité de pe-
» tites Grenouilles sautant de tous côtés
» sur la terre, qu'elle en fut toute cou-
» verte. Elles étoient toutes de même
» grandeur & de même couleur ; & l'on
» ne voyoit nullement d'où auroient pu
» sortir & paroître en un instant de telle
» fourmillière sur un terroir sec & rem-
» pli de poussière qu'elles haïssent ». Cependant je ne doute nullement avec tout
le respect qui est dû à un si grand homme
que ces Grenouilles ne sortissent de leur
trous & de leurs caches, & qu'elles ne
fussent attirées par l'agréable vapeur de
l'eau de pluye. Au reste, tout extraordinaire que cela puisse paroître, je le
trouve mille fois plus vraisemblable que
leur génération invisible par un peu de
poussière & d'eau de pluye, qui même
n'auroient pas pu avoir le temps de se
mêler & fermenter selon l'hypothèse sur
laquelle il se fonde. Cela n'a même rien
qui choque la vraisemblance, puisqu'en

se promenant en Eté après le coucher du Soleil on trouve des multitudes de Crapauds & de Grenouilles dans les grands chemins, les sentiers & les avenues des maisons, dans les cours & dans les allées des Jardins & des vergers, dont on est surpris ne pouvant s'imaginer d'où ces Animaux sortent, ni en quel endroit ils peuvent se cacher pendant l'Hiver, & même pendant la journée qu'on n'en voit presque point. Il faut ajoûter à cela que M. *Perrault* a trouvé en faisant la dissection de quelques Grenouilles semblables à celles dont nous parlons, qu'elles avoient l'Estomac rempli d'alimens, & les intestins d'excrémens; d'où il conclud avec raison qu'elles n'étoient pas nouvellement formées, mais qu'elles ne venoient que de paroître. On ne doit pas s'en étonner, puisqu'après une grosse pluye qui succède à une grande sécheresse, on voit sortir de terre une quantité inconcevable de Vers & d'Escargots.

Pour confirmer & pour prouver à force d'argumens ce que je viens de dire par opposition aux Générations spontanées des Grenouilles, soit par des vapeurs dans les nues, soit par un mêlange de poussière & d'eau de pluye sur la terre, j'ajoûterai que j'ai reçu depuis

peu d'un très - habile homme de mes amis, M. *Guillaume Derham*, Recteur d'Upminster, proche de Rumford dans la Province d'Essex, une Relation semblable à celle de *Fromondus*. Il marque qu'il y parut tout - à - coup une prodigieuse quantité de Grenouilles après une ondée ou deux de pluye ; qu'elles traversèrent un chemin rempli de sable & qui étoit fort poudreux avant la pluye : puis il ajoûte le lieu où elles avoient apparemment été produites par des Animaux de la même espèce, & celui d'où elles étoient sorties. Voici cette Relation en propres termes : « Il y a quelques an-
» nées que me promenant à cheval dans
» la Province de Bercks, je rencontrai
» une multitude de Grenouilles qui tra-
» versoient le grand chemin. Le terroir
» étoit sablonneux, & le chemin avoit
» été rempli de poussière par une grande
» sécheresse. Mais il y avoit à peu-près
» une heure ou deux qu'il y étoit tombé
» une pluye rafraîchissante qui avoit ab-
» battu la poussière. Je me souvins en ce
» moment de ce que j'avois souvent ouï
» dire des Grenouilles qui tombent des
» nues en temps de pluye. Ceci n'est pas
» étonnant, puisque j'avois autant de
» raison de conclure qu'elles en étoient

» réellement tombées, qu'aucun de ceux
» qui l'ont jamais cru, ou qu'elles ve-
» noient d'être produites. Mais comme
» j'étois prévenu de l'opinion contraire,
» & perſuadé qu'il n'y a point de généra-
» tion équivoque, j'eus la curioſité d'é-
» xaminer d'où cette colonie pouvoit ve-
» nir. Je trouvai en faiſant cette recher-
» che, deux ou trois arpens de terre cou-
» verts de ces Animaux qui s'avançoient
» tous vers des bois, des foſſés & d'au-
» tres lieux ſemblables qui étoient de-
» vant eux, & qu'ils avoient derrière
» eux de grands Etangs. Je ſuivis leurs
» traces en arrière juſqu'à un de ces
» Etangs. Ils avoient accoutumé d'être
» remplis de Grenouilles dans le temps
» qu'elles jettent leur fray, & j'en avois
» même ſouvent entendu le coaxement
» de loin, & y avois trouvé beaucoup
» de ce fray. Je conclus de-là que cette
» grande colonie de Grenouilles avoit
» été produite dans les Etangs d'où elles
» venoient : qu'après leur incubation,
» s'il eſt permis de ſe ſervir de ces ter-
» mes, par la chaleur du Soleil, & avoir
» paſſé par les dégrés ordinaires, elles
» avoient vêcu dans l'eau juſqu'au temps
» de leur transformation, ou plutôt ſur
» le rivage parmi les Joncs & les Ro-

F iv

» feaux : que la pluye rafraîchiffante qui
» venoit de tomber & qui avoit humec-
» té la terre & l'avoit rendue propre
» pour leur marche, les avoit invitées à
» quitter leur ancienne demeure où elles
» avoient peut-être mangé tout ce qui
» étoit propre à leur nourriture, & par
» conféquent à en aller chercher ailleurs
» dans des lieux plus commodes. Ceci
» me femble fi raifonnable & fi facile à
» découvrir, que je ne fçaurois affez
» m'étonner que les Curieux des fiècles
» paffés qui ont eu de pareilles rencon-
» tres, & fur-tout d'habiles Philofophes
» comme *Ariftote & Pline*, & plufieurs
» autres après eux, ayent pu s'imaginer
» que les Grenouilles tombent des nues,
» ou qu'elles foient produites en un inf-
» tant par un mouvement fpontané, fur-
» tout puifqu'elles s'accouplent vifible-
» ment, qu'elles jettent du fray ou des
» œufs, & que ce fray produit de peti-
» tes Créatures fans pieds, & celles-ci
» des Grenouilles parfaites. Cette géné-
» ration uniforme & reglée fe voit non-
» feulement dans les Grenouilles, mais
» encore en plufieurs autres Créatures,
» comme les Poux, les Mouches car-
» naffières, les Vers-à-Soye, & autres
» Papillons. Cela marque un étrange en-

» têtement dans les siècles qui ont suivi » celui d'*Aristote* pour ne pas dire une » grande paresse & une négligence inex- » cusable ».

Je ne doute pas aussi que *Fromondus* n'eût trouvé la même chose à l'égard des milliers de Grenouilles qu'il rencontra proche des portes de Tournay, s'il eût examiné le fait avec la diligence possi- ble, & qu'il n'eût aussi découvert le lieu où ces Grenouilles avoient été engen- drées, & d'où elles venoient.

La Grenouille est un Animal plein de vie qui peut durer long - temps, même des semaines entières sous l'eau, quoi- qu'*Aristote* ait dit qu'elle n'y pouvoit vi- vre que très - peu de temps faute d'air pour respirer. On a éprouvé plus d'une fois que des Grenouilles n'ont pas laissé de vivre & de nager pendant quelques heures après qu'on leur a eu arraché le cœur & coupé la tête ; & l'on a remar- qué que le cœur & les poumons arrachés du corps de ces Animaux, ont continué leur mouvement ordinaire de Systole & de Diastole pendant une heure toute en- tière. On est toujours étonné de voir qu'un Animal disséqué à qui l'on a em- porté tous les viscères de la Poitrine & du Bas-ventre, saute néanmoins encore pendant quelque temps avec agilité, comme s'il n'avoit souffert aucun mal. Si l'on coupe le nerf qui se porte à un pied, la Grenouille perd sur le champ le mouvement de ce membre. On a vû une Grenouille ordinaire tirée du ventre d'une Anguille qui se trouva morte dans le corps d'un Brochet, sauter sur la table. La Grenouille dont nous parlons habite plus volontiers dans l'eau que sur la terre, comme dans les Fontaines tièdes, dans les fossés des villes, dans les rivières, dans les ruisseaux, dans les viviers, dans les étangs, dans les mares & les marais, où elle se nourrit de Vers, de Sangsues, de petits Limaçons, de divers Scarabées & de toutes sortes d'Insectes ; quelquefois même d'herbes aquatiques, telles que la Grenouillette ou Renoncule, le petit Nenuphar dit Mors de Grenouille & la Lentille de Marais, s'il en faut croire certains Auteurs : elle ne fait pas même de grace à son espèce, & l'on a trouvé de petites Grenouilles dans la bouche & dans l'estomac des plus grosses. Elle se plaît dans une eau assez chaude, & craint l'eau froide ; c'est pour cela qu'en Eté elle s'égaye & se fait entendre au loin, surtout pendant les nuits tièdes du mois de

Mai où elle eſt en amour. *Pline* rapporte que quand elle crie avec excès, elle pronoſtique de la pluye ; ce qui n'eſt pas toujours vrai : mais ce qu'il y a de certain, c'eſt que quand le vent du Nord ſouffle & qu'il fait un temps froid, elle garde le ſilence. Nous avons connu des gens pour qui les cris de Grenouilles étoient une Muſique aſſez plaiſante ; mais c'eſt un Concert fort importun pour la plupart des hommes : au reſte, le moyen de s'en délivrer n'eſt pas bien difficile, ſi l'on s'en rapporte à quelques Obſervateurs, puiſque pour les obliger à ſe taire il ne faut que mettre une chandelle allumée ſur le bord d'un Etang, ou jetter dans l'eau un pot dans lequel on aura enfermé un Serpent d'eau à collier. Comme les Grenouilles détruiſent nombre d'Inſectes, elles peuvent être de quelque utilité dans un Jardin-potager ; elles ſont fort timides, & ne vont guères que la nuit chercher leur vie ; elles marchent en ſautant, & ſautent légèrement ; elles nagent auſſi avec vîteſſe ; en Hyver elles ſe tiennent cachées & comme mortes au fond de l'eau, étant engourdies par le froid : mais au premier Printemps elles ſortent de leurs retraites, & reprennent une nouvelle vigueur. Elles

F vj

ont pour ennemis l'Hydre ou le Serpent d'eau ; l'Anguille, le Brochet, le Cygne, la Cigogne, qui les dévorent ; la Taupe même, au rapport d'*Albert le Grand* : le Putois passe aussi pour les manger, & pour en faire des provisions dans les creux d'arbres. La pêche des Grenouilles est assez amusante, & peut divertir à la Campagne. On les prend au feu avec des filets comme les Poissons, ou à la ligne avec des hamecons où l'on a attaché des Vers, des Mouches, des Papillons, des Scarabées ou des Hannetons, des entrailles de Grenouilles, ou un morceau de Drap rouge, ou un peloton de Laine teinte de couleur de chair ; car elles sont goulues, & se jettent à l'envi sur l'appât qu'on leur présente, tenant ferme ce qu'elles ont une fois mordu : mais comme elles fuyent l'homme & qu'elles craignent extrêmement sa présence, elles se précipitent avec impétuosité dans l'eau dès qu'elles le voyent ou qu'elles l'entendent. Voilà pourquoi l'on ne peut réussir à cette pêche qu'en gardant un profond silence. Suivant *Aristophane*, le cri de la Grenouille commune est *Brekekex - Coax, Coax*, d'où vient le mot Latin *Coaxare*.

Nous ne parlerons point ici de diverses espèces de Grenouilles terrestres ou sauvages, brunes, tannées ou rousfâtres, tachetées de noir & de jaune, qu'on regarde assez mal-à-propos comme venimeuses, parcequ'on prétend qu'elles frayent avec les Crapauds. Elles habitent dans les bois, dans les Broffailles, dans les hayes & autres lieux ombrageux & humides, dans les prés, dans les champs & dans les vergers. De ce nombre sont 1°. la *Grenouille Pisseuse*, ainsi nommée parcequ'elle pisse à chaque saut qu'elle fait; 2°. La Grenouille que *Gesner* appelle *Bossue* à cause de deux os qui lui font une bosse sur le dos, & qui passe pour muette, quoiqu'elle crie assez fort quand elle se sent blessée, ou qu'on la poursuit pour lui faire du mal : au reste, quoi qu'en disent quelques-uns, la Grenouille Pisseuse & la Grenouille Bossue nous paroissent être une seule & même espèce; 3°. la Rainette verte, dite vulgairement *Grenouille de S. Martin.* Mais comme cette dernière espèce entre dans la Médecine, nous ne sçaurions guère nous dispenser d'en faire la description.

La Grenouille de *S. Martin* que les Latins appellent *Rana Arborea*, *Ranula* ou *Ranunculus viridis*, est d'une jolie couleur verte, sur le dos, blanchâtre sous le ventre, plus petite que les précédentes, extrêmement froide au toucher. Elle a les extrémités des doigts des pieds munies de tubercules ronds ; les Poumons fort petits ; le cœur blanchâtre, & l'oreillette gauche très-rouge ; le foye rougeâtre, divisé en quatre lobes ; la vésicule du fiel bleuâtre ; les Testicules entourés de graisse. Elle se distingue des autres Grenouilles par sa petitesse, par sa couleur totalement verte en-dessus, & parcequ'elle monte sur les arbres & arbustes, demeurant comme immobile & collée sur une feuille par sa viscosité naturelle, vivant de Mouches, de Moucherons, de rosée & des plus tendres feuilles des arbres, selon *Schwenckfeldt*. Pendant l'Hyver elle se cache dans la terre, & elle en sort au Printemps ; elle n'est nullement muette comme quelques Auteurs l'ont avancé. Il est vrai qu'on ne l'entend presque jamais ni dans le Printemps ni dans l'Eté : mais en Automne elle crie beaucoup, sur-tout le soir & pendant la nuit. Elle présage la pluye par ses cris redoublés. Souvent on en entend plusieurs qui se répondent en répétant *Brex*, *Brex*, de façon qu'on les prendroit pour autant de petits Oiseaux qui chantent dans les hayes. Autrefois on la croyoit venimeuse à peu-près comme le Crapaud, & même son venin paroissoit pour être si dangereux, que les Bœufs en perdoient les dents, s'ils la mâchoient seulement avec les herbes : c'est de-là, dit *Oligerus Jacobœus* dans ses *Observations sur les Grenouilles*, qu'on a appris que pour faire tomber une dent sans douleur on n'a qu'à frotter la gencive avec la graisse de cette espèce de Grenouille.

On trouve dans les *Ephémé-ides d'Alle-magne*, *Décurie II*, *année VI*, *page 320*, une Observation du Docteur *Godefroy Schultzius* sur ce sujet, laquelle mérite d'être rapportée en son entier. Quoique les Naturalistes animés par les bienfaits des Rois, dit ce Docteur, ayent presque de tout temps travaillé soigneusement à perfectionner l'Histoire Naturelle des Animaux, témoin *Aristote* jadis sous *Alexandre le Grand*, & dans ces derniers siècles *Gyllius* & *Belon* sous *François I.* Roi de France, également encouragés par des dépenses dignes de si grands Princes ; néanmoins quiconque s'attache à cette partie de la Physique trouve qu'elle est encore fort imparfaite en bien des choses. En effet elle se cultive bien difficilement, vu qu'on ne

tient la plupart des faits qui font de fon
reffort que des Laboureurs, des Chaf-
feurs, des Pêcheurs, & d'autres gens de
la Campagne groffiers, fans expérience,
peu attentifs ou préocupés de traditions
fabuleufes, fouvent même enclins au
menfonge & à la fourberie. De-là vient
que le curieux Scrutateur de la Nature
faifit avidement & avec raifon toutes
les occafions qui fe préfentent de faire
d'exactes obfervations, ou de noter celles qui ont été déjà faites par des gens
dignes de foi, quand il fçait qu'elles
peuvent contribuer à l'avancement de
cette fcience. Aujourd'hui je fuis dans le
deffein de rapporter ce que j'ai remarqué
à l'égard de cette petite Grenouille toute
verte qui grimpe fur les arbres, & qui
par cette raifon fe nomme en Grec *Den-*
drobates, & en Allemand *Laubfrofch*. Un
Chirurgien de mon pays (de Breflaw)
en a nourri une pendant près de huit ans
dans un verre cylindrique couvert d'un
rézeau, en lui jettant en Eté de l'herbe
fraîche, & en Hyver un peu de foin
mouillé, quelquefois auffi des Mouches, qu'elle prenoit très-adroitement
avec fa bouche béante. Durant l'Hyver,
comme dans l'efpace de quatre jours elle
n'étoit fuftentée que par une ou deux mouches qu'on lui cherchoit avec empreffe-

nent, elle maigriſſoit beaucoup : mais en Eté elle recouvroit ſon embonpoint moyennant les Mouches & les Mouche-rons qu'on lui donnoit abondamment. Au reſte, elle reſtoit tous les Hyvers vive & alerte pour attraper ſa proye, parce qu'étant tenue dans une Etuve elle ne reſſentoit aucunement la rigueur du froid. Quelquefois on l'entendoit crier l'Eté dans un temps de pluye : elle groſ-ſiſſoit alors extraordinairement à cauſe de l'abondance des proviſions. Quand elle en ſentoit le beſoin, elle s'excitoit à vomir en appliquant ſes pieds de der-rière contre les Hypocondres, s'il eſt permis de parler ainſi par rapport à une Grenouille, & dans les efforts du vo-miſſement elle rejettoit une mucoſité blanche & viſqueuſe. Quelquefois on la délivroit de ſa priſon, & ſautant çà-&-là elle rendoit par derrière une humeur limpide ; tous ſes excrémens étoient noirs & grumuleux. Enfin le huitième Hyver, comme les Mouches manquoient totalement, elle périt de maigreur. Il eſt donc conſtaté par cette Obſervation que les Grenouilles & peut-être auſſi tous les autres Animaux qui reſtent l'Hyver ca-chés & comme morts dans des Cavernes, ne s'y renferment point par une néceſſité dépendante de leur nature, mais plutôt à cause du défaut de nourriture & de la violence du froid qui les privent du mouvement. Il n'eft pas moins conftant que notre Rainette verte a une vie affez longue, puifqu'il y a des Quadrupèdes qui vont à peine jufques-là ; & l'on ne doit pas douter que celle dont il s'agit n'eût vêcu plus long-temps fi elle n'avoit pas manqué de nourriture. Le même fait fe trouve confirmé par les Relations de ceux qui difent avoir vû des Grenouilles vivantes dans des Fontaines d'eaux chaudes, même au milieu de l'Hyver. Quelques Naturaliftes mettent cette efpèce au nombre des Grenouilles venimeufes, quoique dans un dégré inférieur : mais perfonne que je fçache n'a montré jufqu'ici en quoi confifte fon venin. Quant à la liqueur qu'elle jette par derrière, quelque foupçon qu'on en puiffe concevoir, je n'ofe pourtant rien affirmer là-deffus, attendu que je fuis dépourvu d'expériences.

La Grenouille commune fe nomme en Grec *Batrakos* ; en Italien & en Efpagnol *Rana*, comme en Latin ; en Allemand *Waſſer-Froſch* ; en Anglois *Common Froq* ou *Froſh* ; en Suédois *Groda*, *Froe*, ou *Klaoſſa*. Selon *Ménage*, le mot

François *Grenouille*, jadis *Renouille*, vient de *Ranella*, *Ranula* ou *Ranuncula*; & *Raine*, de *Rana*. Le fœtus de la Grenouille s'appelle en Grec *Gurinos*; en Latin *Gyrinus*, *Rana Gyrina*, ou *Moluris*; en François *Têtard* à cause de sa grosse tête, ou *Queue de Poële* à cause de sa longue queue. Une *Grenouillère*, est un lieu plein de Grenouilles. Pour la petite Grenouille verte, dite vulgairement *Grenouille de S. Martin* ou *Martinolle*, en Italien *Ranella*, en Savoyard *Ragnole*, en Anglois *Small Trec - Frog* ou *Green Frog*, on la nomme autrement en François *Rainette* ou *Grenouillette*; & selon *Pierre Borel*, *Raine verte*, *Grenouille de Buisson*, *Gresset* ou *Graisset*, peut-être du mot Latin *Agredula*, comme qui diroit Grenouille champêtre ou sauvage; ou plutôt de son cri. Quelques-uns l'appellent encore *Croisset* par la même raison; mais plus communément *Verdier*, à cause de sa couleur verte.

Les Grenouilles ordinaires doivent être choisies bien nourries, grasses, charnues, de couleur verte, & qui ayent été prises dans des eaux pures & limpides. Elles contiennent beaucoup d'huile & de phlegme, & un peu de Sel volatil.

Les Grenouilles sont fort en usage

parmi les alimens, mais elles se di-
gèrent difficilement, & produisent des
humeurs grossières & visqueuses ; ce
qui fait que nous ne les conseillons pas
indifféremment à tout le monde : nous
croyons même que les Vieillards & les
gens pituiteux n'en doivent pas faire
usage, à moins que ce ne soit très-sobre-
ment ; mais pour ceux qui ont l'Estomac
bon & robuste, elles nourrissent beaucoup. Ainsi les jeunes gens bilieux en
peuvent user en toute sureté. Quelques
Auteurs disent cependant que le fréquent usage des Grenouilles donne mauvais visage, & cause la fièvre : mais nous
ne nous sommes jamais apperçus de ces
mauvais effets, & apparemment que ces
Auteurs ont voulu parler de celles qui se
trouvent dans les Marais & dans les eaux
bourbeuses & croupies, qui ne sont pas
si salutaires que celles de Rivières ; car
pour celles - ci, elles fournissent un suc
assez louable, & qui n'est point contraire à la santé.

La Médecine fait usage des Grenouilles tant intérieurement qu'extérieurement. Elles sont regardées, prises à l'intérieur, comme humectantes, incrassan-
tes, & propres pour adoucir les âcretés
de la Poitrine. On fait des bouillons de

Grenouilles qui font fort eſtimés dans la toux invétérée, dans la ſéchereſſe de Poitrine, dans la Phthiſie, & dans la Conſomption; ils humeⒸent, ils adouciſſent, & font dormir : on en fait auſſi des potages forts ſains qui conviennent dans les chaleurs d'entrailles, & pour diſſiper les boutons & les rougeurs du viſage. Les principes huileux & balſamiques qui dominent dans les Grenouilles, les rendent fort propres pour ces effets. Le foye des Grenouilles fournit un excellent Remède contre l'Epilepſie : il faut pour le faire, prendre dans le mois de Mai, de Juin ou de Juillet, environ quarante Grenouilles des plus vertes ; en ôter les foyes pour les faire ſécher à une chaleur lente ; puis les réduire en poudre, & partager cette poudre en ſix doſes égales ; en donner une doſe au Malade le matin à jeun dans un peu de vin ou dans de l'eau de fleurs de Tilleul, lui recommandant de ne point manger que deux heures après ; lui en faire prendre une autre le ſoir, & continuer ainſi trois jours de ſuite. On réïtère ſelon le beſoin ; & c'eſt par ce Remède que fut guéri l'EleⒸeur Palatin *Frédéric IV*. Le fiel & le foye de Grenouille réduits en cendre, & pris juſqu'à un gros de vin blanc, font un fort bon fébrifuge, pourvu que le Malade ait été auparavant difposé par les remèdes généraux. Selon *Schroder*, la cendre de Grenouille prife à la dofe d'un gros, arrête la Gonorrhée.

Quant à l'ufage extérieur des Grenouilles, leur fray qu'on appelle autrement *Sperme de Grenouilles* ou *Sperniole* eft très-ufité; & c'eft le meilleur refrigeratif de tout le Régne Animal. On s'en fert en topique dans les inflammations de la Goutte; il guérit la brûlure, l'Erifipèle, les rougeurs & les feux volages du vifage. On trempe dedans un linge plié en double qu'on applique fur la partie douloureufe : mais il faut faire attention de n'employer ce topique que dans les premiers temps de l'inflammation; car comme il eft un peu repercuffif, il ne conviendroit pas dans la vigueur du mal, & il y auroit à craindre qu'il n'épaiffit l'humeur & ne la fixât dans la partie : on y peut mêler un peu de Camphre pour le rendre plus efficace. On s'en fert encore pour arrêter les Hémorrhagies du nez, de la Matrice, & des Hémorrhoïdes; on le mêle avec du vinaigre rofat, & l'on en imbibe une éponge qu'on affujettit fur les endroits où il eft néceffaire. La façon de conferver ce fray (car il fe pourrit

cilement), eſt de l'enfermer dans un
vaiſſeau qu'on expoſe au ſoleil en Eté:
par ce moyen l'alkali volatil s'exalte,
aidé par un commencement de putréfac-
tion ; il s'en forme une liqueur par défaillance qui ſe dépure & ſe ſépare d'elle-
même de la craſſe qui tombe au fond, &
après la filtration l'eau ſe conſerve fort
bien une ou deux années. On fait avec
ce même fray une eau diſtilée qui a les
mêmes vertus, & qui ſe conſerve plus
long-temps. *Ettmuller* veut qu'on faſſe
cette diſtillation quelques jours avant la
nouvelle lune pour empêcher la puanteur ; & il aſſûre que le fray diſtillé
en un autre temps contracte toujours la
mauvaiſe odeur, quand même l'eau ſeroit rectifiée cent fois. Quelques-uns font
bouillir le fray de Grenouilles avec de
l'huile commune, & ils obtiennent par
ce moyen une huile adouciſſante & réſolutive qui s'employe dans les inflammations : mais elle eſt de peu d'uſage, &
on lui préfère l'huile par infuſion ou par
coction des Grenouilles entières. Cette
huile ſe fait avec une douzaine de Grenouilles vivantes qu'on coupe par morceaux, & qu'on met dans un pot de terre
verniſſé. On verſe deſſus auſſi tôt une
livre & demie d'huile de lin ; & après

avoir couvert le pot exactement, on le place au Bain-Marie, l'y laissant sept ou huit heures. On coule ensuite l'huile en exprimant fortement les Grenouilles, & l'ayant laissé reposer, on la verse par inclination pour la séparer de ses féces. Cette huile est anodine & adoucissante, elle tempère les inflammations, & appaise les douleurs de la Goutte, si l'on s'en sert en liniment : mais l'eau du fray vaut beaucoup mieux, parce que les huiles grasses de quelque nature qu'elles soient, sont toujours suspectes dans les inflammations. On tient encore dans les boutiques deux emplâtres de Grenouilles appellées *de Vigo*, du nom de leur Auteur, dont l'une est simple, & l'autre préparée avec le Mercure : celle-ci est la plus estimée à cause de la vertu pénétrante du Mercure. On s'en sert dans les douleurs chroniques, & contre les Loupes, les nodosités, & les tumeurs Vénériennes. On l'employe encore avec succès dans les Cephalalgies rébelles, & dans les tumeurs confirmées de la Ratte. Quelques Médecins ont essayé de s'en servir pour exciter le flux de bouche & guérir la Vérole en en couvrant tout le corps : mais on a abandonné cette méthode comme insuffisante ; le Mercure se trouve

trop

trop embarrassé dans l'Emplâtre pour pouvoir se dégager & passer dans le sang en assez grande quantité pour y opérer la guérison.

Outre les maladies dont nous venons de faire le détail & dans lesquelles s'employent les Grenouilles ou leurs préparations, on s'en sert encore dans quelques autres cas, & entr'autres contre les Bubons & les Apostèmes : on les applique vivantes ou coupées sur la tumeur ; ce qui attire le venin, & détermine promptement la suppuration. On s'en sert aussi contre les maux de Dents en se lavant la bouche avec de l'eau & du vinaigre où l'on en a fait bouillir quelques-unes. M. *Andry*, célébre Médecin de Paris, assûre dans son *Traité des Alimens du Carême*, avoir vu réussir ce Remède plusieurs fois. Le fiel de Grenouille est un excellent ophthalmique : la graisse calme la douleur d'oreilles, si l'on en insinue dedans avec un peu de cotton, & suivant *Schroder*, la cendre calcinée arrête les Hémorrhagies, si l'on en saupoudre les vaisseaux ouverts.

Nous finirons cet article par remarquer avec *Schroder* que lorsqu'on veut distiller les Grenouilles ou leur fray, les Limaçons, les vers de terre & autres Ani-

Tome II. Partie II.   G

maux femblables, il faut renfermer ce
qu'on veut diftiller dans un linge net ,
& le fufpendre au milieu de la cucurbite
pour le diftiller à la feule vapeur ; fans
quoi ce qui paffera dans le Récipient
fera toujours de mauvaife odeur.

Les Grenouilles vertes ordinaires entrent dans l'Emplâtre de Grenouilles préparée avec le Mercure de la Pharmacopée
de Paris.

Prenez une demi livre de maigre de
veau , & les cuiffes de cinq ou fix
Grenouilles écorchées & écrafées.
Faites bouillir le tout dans trois fep-
tiers d'eau de rivière que vous ré-
duirez à un bouillon.
Ajoûtez-y la dernière demi-heure des
feuilles de Bourrache & de Chicorée
blanche , de chacune une demi-
poignée.
Paffez enfuite par un linge en exprimant légèrement , pour un bouillon
convenable dans la toux féche , dans
les chaleurs d'entrailles , & dans
l'amaigriffement.
Prenez de l'eau de jufquiame , de
nenuphar & de plantin , de chacune
une once ; du fra y de Grenouilles ,
trois onces ; du fucre de faturne &

du camphre diſſous dans un peu d'eſprit de vin, de chacun un ſcrupule ; du ſel de prunelle, un demi-gros.

Mêlez le tout pour un Epithème à appliquer ſur la région du foye dans l'inflammation de ce viſcère, le renouvellant lorſqu'il ſera ſec.

Prenez des eaux de morelle & de fray de Grenouilles, de chacune une once ; de la poudre de Tuthie préparée, vingt grains ; du ſel de ſaturne, douze grains.

Mêlez le tout pour un collyre rafraîchiſſant contre la rougeur & la démangeaiſon des yeux.

Quant à la petite Grenouille de *St. Martin* entière & ſon ſang, ils ſont d'uſage en Médecine. Elle a les mêmes vertus que la Grenouille commune, & ſa cendre miſe ſur les bleſſures en arrête très-promptement l'hémorrhagie. On recommande ſon ſang comme d'une efficacité ſingulière dans les playes récentes. Quelques-uns font calciner cette Grenouille toute entière, & ils en donnent chargé la pointe d'un couteau aux enfans nouvellement nés dans du lait de femme avant qu'ils aient rien pris, croyant par

ce moyen les exempter de l'Epilepſie :
d'autres appliquent ſur le poigner une de
ces Grenouilles dans le friſſon des fiévres
intermittentes, & prétendent par-là les
guérir. Nous indiquons ces remèdes ſur
la foi des Auteurs ſans vouloir les garantir : mais nous croyons auſſi qu'on peut
les eſſayer ſans riſque, ſans néanmoins
négliger des Remèdes approuvés par
l'expérience qui conviennent dans les
mêmes cas.

Le Crapaud ; *Bufo* , Offic. Schrod.
272. Dal. Pharm. 433. Rondel. *de Aquat.*
221. Aldrov. *de Quadr.* Ovip. 609. *Jonſt.*
de Quadr. 131. Charlet. Exer. 27. Merr.
Pin. 169. *Bufo , ſive Rubeta ,* ind. Med.
23. Ray Sinop. Anim. Quadr. 252 *Rana*
rubeta , tum paluſtris , tum terreſtris ,
Geſn. *de Quadr.* Ovip. 64, *Bufo terreſtris*
major , Schwenckf. Rept Siles. 159.
Rana manibus tetractylis fiſſis , plantis
Hexadactylis palmatis , pollice breviore ,
Linn. Faun. Suec. 253. *Rana terreſtris*
omnium maxima , Borax ſeu Buffo dicta ;
Rana Lurida Varronis ; Rubeta terreſtris
vulgaris ; Rana turbis , exitioſa & vene-
noſa , Quorumd.

Cet Animal eſt plus grand que la Gré-
nouille , gros environ comme le poing ,
laid , hideux , éffroyable. Il a la tête un

peu groffe ; les yeux faillants & pleins de
feu ; la gueule affez grande, munie de
gencives raboteufes qui ne lâchent pas
prife aifément ; les pieds de devant courts,
terminés chacun par une main fendue en
quatre doigts à peu près égaux, & ceux
de derriere garnis de fix doigts dont le
premier & le dernier font les plus courts,
liés enfemble par une membrane mito-
yenne, felon M. *Linæus* ; le dos large &
plat ; le ventre enflé & ample, tacheté ;
la gorge pâle-jaunâtre ; la peau épaiffe,
dure, très-difficile à percer, grife-brune-
jaunâtre, heriffée de verrues ou parfemée de taches noirâtres & livides qui
femblent autant de puftules ; l'œfophage,
l'eftomac & les inteftins femblables à
ceux de la grenouille ; les Poumons plus
noirâtres, bien plus compactes & moins
véficuleux que dans les Grénouilles ; le
cœur blanchâtre, femé de petit points
noirs, couché fur le foye comme ce dernier l'eft fur les Poumons ; l'oreillette
droite du cœur plus pâle, & la gauche
plus rougeâtre de même que dans le
Lézard commun, au rapport d'*Oligerus
Jacobæus* ; le foye compofé de trois
lobes ; la véficule du fiel teinte de couleur
rougeâtre ; la ratte petite ; des fachets de
graiffes oblongs attachés aux reins comme

dans la Grenouille aquatique ; les testicules oblongs, dont le droit est d'un blanc-grisâtre, parsemé de petits points noirs, & le gauche absolument blanchâtre.

L'histoire du Crapaud, comme celle de la plupart des Animaux, nous laisse encore bien des choses à désirer. On s'imagine quelquefois que tout est dit, mais il s'en faut beaucoup que cela soit ainsi. L'histoire naturelle est un fonds inépuisable où il y aura toujours quelques nouvelles découvertes à faire pour ceux qui s'appliqueront à la cultiver. Jusqu'ici les Auteurs s'étoient contentés de nous dire que le Crapaud mâle de même que le mâle de la Grenouille, tient sa femelle embrassée & serrée pendant quarante jours sans interruption. Mais M. *Demours*, déjà connu avantageusement dans la République des lettres par d'excellentes traductions dont il l'a enrichie, a donné un Mémoire intéressant sur le *Crapaud mâle Accoucheur de la femelle*, qui se trouve dans l'*Histoire de l'Académie Royale des Sciences, Année 1741, page. 28 & suiv.*

Il seroit à souhaiter pour quelques Lecteurs, dit l'Historien de l'Académie, que ce que nous avons à dire dans cet article, pût regarder les Colombes & les

Tourterelles, plutôt qu'une espèce d'Animaux qu'on ne voit ou qu'on n'imagine
ordinairement qu'avec horreur. Mais l'imagination & les yeux du Phisicien ne
sont pas si délicats, ils sont accoutumés à
voir la Nature agir bien différemment
de ce que nos goûts & nos préjugés voudroient lui prescrire, & partager souvent
avec distinction les Animaux les plus
vils en apparence & les plus hideux. Les
Crapauds sont un genre particulier dans
la Classe des Amphibies, ils se divisent
en aquatiques & terrestres, parceque
ces derniers qu'on divise encore en grande & petite espèce, quoique nés dans
l'eau, n'y passent que les premiers jours
de leur vie. C'est du Crapaud terrestre
de la petite espèce que nous avons à parler, d'après le Mémoire que M. *Demours*
Médecin est venu lire à la compagnie sur
ce sujet. L'occasion de ce Mémoire est
un de ces heureux hasards dont les Naturalistes seuls peuvent connoître le prix.
Sur le soir d'un grand jour d'été, M.
Demours étant dans le jardin du Roi,
apperçut deux de ces Crapauds accouplés
au bord d'un trou que formoit en partie
une grande pierre qui étoit au-dessus.
La curiosité le fit approcher pour voir
quelle étoit la cause des mouvemens

G iv

qu'ils se donnoient. Deux faits également nouveaux le surprirent ; le premier étoit l'extrême difficulté qu'avoit la fémelle à pondre ses œufs, de manière que sans un secours étranger elle ne paroissoit pas pouvoir les faire sortir de son corps ; le second, que le mâle travailloit de toute sa force, & avec les pattes de derrière, à lui arracher ses œufs. Pour bien comprendre la méchanique de cet accouchement, il faut sçavoir, 1° Que les pattes de ces Animaux, tant celles de devant que celles de derrière, sont divisées en plusieurs doigts. C'est par le moyen de ces doigts que le mâle tiroit les œufs du fondement de la fémelle. 2°. Que les œufs sortent du fondement de la femelle, parceque le réceptacle dans lequel ils sont contenus jusqu'au temps de la ponte, s'ouvre à la partie inférieure du *Rectum.* 3°. Que les Crapauds s'accouplent comme les Grenouilles, c'est-à-dire, que le mâle monté sur le dos de la fémelle, l'embrasse avec ses pattes de devant : la seule différence qu'il y a, est que le mâle des Grenouilles a les pattes de devant assez longues pour embrasser entièrement la fémelle, & pour entrelasser ses propres doigts au dessous les uns avec les autres ; au lieu que les pattes du Crapaud mâle étant beaucoup plus courtes, il ne peut les joindre de même, elles n'atteignent qu'aux côtés de la poitrine de la fémelle, où il les applique quelquefois si fortement, qu'il y survient une inflammation avant que les deux Animaux se séparent. 4°. Enfin, que les œufs de cette espéce de Crapauds sont renfermés chacun dans une coque membraneuse très-ferme, dans laquelle est contenu l'embryon, & que ces œufs qui sont oblongs, & qui peuvent avoir deux lignes de longueur, sont attachés les uns aux autres par un court filet très-fort ; ils forment une espéce de chapelet, dont les grains sont distants les uns des autres d'environ la moitié de leur longueur. Ces conformations étant bien entendues, il y a lieu de croire que la fémelle fait beaucoup d'effort pour se procurer la sortie du premier œuf ; mais dès qu'il est sorti, c'est au mâle à faire le reste. C'est alors qu'il commence à exercer sa fonction d'Accoucheur, & il s'en acquitte avec une adresse qu'on ne soupçonneroit pas dans un Animal qui paroît si engourdi. Celui-ci avoit déjà tiré le second œuf, lorsque M. *Demours* arrêta sur lui ses regards, & il redoubloit ses efforts pour tirer le troisième. Le premier œuf étoit engagé entre

G v

les deux doigts du milieu de fa patte droite de derrière, par le filet qui l'attachoit
au fecond, & c'eft en allongeant cette
patte qu'il tendoit le cordon du chapelet
vis-à-vis le fondement de la fémelle,
qui pendant ce temps-là reftoit immobile. Il tâchoit auffi de fe faifir du cordon
avec la patte gauche, & il en vint à bout
après plufieurs tentatives. Cependant la
préfence de l'Obfervateur ne l'embaraf-
foit pas peu, & lui caufoit fans doute
bien des diftractions; car tantôt il s'arrê-
toit tout court, & alors il jettoit fur ce
curieux importun des regards fixes qui
marquoient fon inquiétude & fa crainte;
tantôt il reprenoit fon travail avec plus
de précipitation qu'auparavant, & un
moment après il paroiffoit indécis, s'il
devoit continuer ou non. La femelle
marquoit auffi fon embarras, par des
mouvemens qui interrompoient quelquefois le mâle dans fon opération. Mais
enfin, foit que le filence & l'immobilité
du fpectateur euffent diffipé leur crainte,
foit que le cas fût preffant, le mâle reprit
fon ouvrage avec la même vigueur, &
toujours avec de nouveaux fuccès. La
curiofité de M. *Demours* avoit encore un
autre objet; il obfervoit attentivement
fi, à mefure que le mâle tiroit les œufs,

il ne les arrosoit pas de sa liqueur séminale ; car c'est par un semblabe arrose-
ment , comme le rapportent plusieurs
Auteurs, que les œufs de ces Animaux
aquatiques & amphibies sont fécondés ,
& en particulier les œufs des Grenouilles.
C'est ainsi , selon *Swammerdam* , l'un des
plus fameux Naturalistes de ce siécle ,
qu'après un accouplement d'environ 40
jours , la Grenouille mâle féconde les
œufs de la fémelle au moment qu'elle les
a pondus. Mais comme M. *Demours* n'ap-
percevoit rien de pareil aux deux Crapauds accouplés , & que l'endroit où ils
se trouvoient étoit un peu sombre, il se
détermine à les mettre sur sa main. L'ouvrage fut encore interrompu pendant
quelques instans, & repris ensuite comme
auparavant ; mais le mâle ne donna jamais
le moindre signe de ce que l'Observateur
s'attendoit à découvrir par ses yeux , ou à
sentir sur sa main où il les tint un quart
d'heure. *Swammerdam* avoit remarqué
que le mâle de la Grenouille aide aussi à la
ponte de la fémelle ; mais il paroît que
c'est d'une manière moins suivie, moins
parfaite , moins décidée que le Crapaud ,
& telle enfin qu'on ne voit pas claire-
ment que ce secours y soit absolument
nécessaire. Ce n'est peut-être qu'en lui

G vj

ferrant les côtés dans ce moment ; la fémelle de la Grenouille accouche fort vîte de tous ses œufs, &, comme dit le même Naturaliste, *uno impetu omnia ejaculatur.* C'eft dommage que quelques Naturaliftes qui ont pris extrêmement à cœur de nous perfuader que c'eft aux Animaux que nous devons originairement nos Arts méchaniques & liberaux, ainfi que nos fciences les plus fublimes, la Géométrie, la Dialectique, la Métaphyfique même, & fur-tout la Médecine, n'ayent point eu connoiffance du fait que nous venons de rapporter ; ils en auroient tiré fans doute, & très-directement, l'Art des Matrones & des Accoucheurs.

Ce feroit donc une idée bien chimérique de prétendre comme font quelques-uns, que le Crapaud puiffe s'engendrer d'un limon fermenté, ou de quelques gouttes de pluye mêlées avec un peu de pouffière. M. *Dodart*, de l'Academie Royale des Sciences, & dont le nom feul fait l'éloge, fit un jour à la Compagnie le rapport de ce qu'il avoit vû en revenant de Verfailles le 28 Juin au matin un très grand nombre de petits Crapauds qui alloient du côté de Verfailles dans le chemin proche les foffés.

Quand il n'y avoit plus de foſſés, on ne voyoit plus de Crapauds : il avoit fait une pluye d'orage auparavant. On doit conclurre de cette remarque , ajoûte l'Hiſtorien , que ces Animaux paroiſſent après la pluye , & reſtent cachés pendant un temps contraire.

Mais ce qui ſembleroit favoriſer l'opinion de leur génération ſpontanée , c'eſt qu'on en a trouvé dans des pierres qui vraiſemblablement y étoient reſté empriſonnés pendant pluſieurs années. Nous en avons pour garant le ſavant *Ray* dans ſon *Traité de l'Exiſtence de Dieu* que nous nous ferons toujours un plaiſir de citer. Voici comme il en parle. On pourra encore objecter en faveur des générations ſpontanées , qu'on a trouvé des Crapauds vivants dans le milieu de la tige des arbres , & même dans des pierres , lorſqu'on les a fendues. Je réponds à cela que je ne ſuis pas pleinement convaincu de la vérité du fait , & que je connois ſi bien la crédulité du vulgaire & le plaiſir que prennent même des perſonnes d'une condition relevée à conter des choſes extraordinaires & merveilleuſes , qu'il faut que ces choſes-là ſoient bien atteſtées avant que j'y puiſſe ajoûter foi. J'avoue cependant qu'après avoir écrit ce qui précéde, la vérité des contes que l'on fait des Crapauds trouvés dans le milieu de quelques pierres, m'a été confirmée par des perfonnes dignes de foi qui en ont été témoins oculaires, & les en ont tirés eux-mêmes ; de forte que je ne faurois plus douter du fait. Mais quoique cela foit, on en peut donner des raifons : par exemple : ces Animaux étant jeunes & petits, ayant trouvé quelques petites ouvertures jufques dans le milieu de la pierre, auroient pu y entrer, chofe qui leur eft même affez naturelle, pour s'y mettre à couvert pendant l'hyver, & y être groffis de manière à n'en pouvoir plus fortir par le même endroit. Ils pourroient y avoir été renfermés ainfi pendant plufieurs années, le moindre air étant fuffifant pour leur refpiration à caufe de leur froideur naturelle & de l'engourdiffement où ils ne pourroient manquer de fe trouver ; & l'humeur de la pierre qui n'a aucun mouvement qui pût contribuer à l'épuifer, auroit pu leur fervir de nourriture. Je ne doute pas auffi que fi ceux qui ont trouvé de ces Crapauds renfermés de cette manière fe fuffent donné la peine de bien examiner la chofe, ils n'euffent découvert des traces du chemin par lequel ils y feroient entrés. D'ailleurs il auroit aussi pu tomber dans la matière pierreuse quelque petit Crapaud , ou quelque fray de Crapaud , qui n'en pouvant plus sortir y seroit resté jusqu'à ce que cette matière eût été condensée & petrifiée. Mais de quelque manière qu'ils s'y soient trouvés , j'ose affirmer hardiment qu'ils n'y ont pas été produits par un mouvement spontané. Il faudroit pour cela qu'il se fût rencontré dans la pierre une cavité capable de contenir le Crapaud avant qu'il y eût été produit , chose qui n'est pas vraisemblable , & qu'on ne sauroit soutenir avec fondement ; ou que le Crapaud eût été produit dans la pierre solide , à quoi il y a encore moins d'apparence , puisque le corps tendre d'un si petit animal n'auroit pu s'étendre dans une prison de cette nature , ni forcer la résistance d'une masse de pierre si solide & si pésante.

Ambroise Paré dans son *Livre des Monstres* , raconte que comme il étoit en sa vigne près de Meudon , où il faisoit rompre de grosses pierres solides , on trouva au milieu d'une de ces pierres un gros Crapaud vivant sans qu'il y eût aucune apparence d'ouverture ; ensorte qu'il admira comme cet Animal avoit dû naître , croître , & avoir vie : mais le

Carrier lui dit qu'il ne falloit point s'en étonner, parce qu'il avoit trouvé plufieurs fois de pareils Animaux au milieu des pierres fans apparence d'aucune ouverture.

Nous avons, eft-il dit dans l'*Hiftoire de l'Académie Royale des Sciences* pour l'*année* 1731, rapporté en 1719 le fait peu vraifemblable & bien attefté d'un Crapaud trouvé vivant & fain au milieu du tronc d'un affez gros Orme, fans que l'Animal en pût jamais fortir, & fans qu'il y eût aucune apparence qu'il y fût jamais entré. M. *Seigne* de Nantes a écrit précifément le même fait à l'Académie, à cela près qu'au lieu d'un Orme, c'étoit un Chêne plus gros que l'Orme, felon les mefures qu'il en donne ; ce qui augmente encore la merveille. Il juge par le temps néceffaire à l'accroiffement du Chêne, que le Crapaud devoit s'y être confervé depuis 80 ou 100 ans fans air & fans aliment étranger. M. *Seigne* ne paroît pas du tout avoir connu l'autre fait de 1719, & l'extrême conformité du fien en eft d'autant plus frappante.

Voilà un fait qui, tout merveilleux qu'il eft, nous paroît trop bien avéré pour qu'on puiffe le révoquer en doute ;

ainsi le Docteur *Rosinus Lentilius* qui a donné dans les *Ephémérides d'Allemagne, Centuries III & IV, Année* 1715, *page* 383, une observation sur un gros *Crapaud fémelle d'Amérique qui accouche par le dos,* & dont on trouve la figure avec la description dans le *Théâtre des Animaux de Ruysch,* blâme mal-à-propos le sage *Ray* de s'être montré en cette occasion trop crédule ou trop complaisant pour ses amis, comme s'il n'étoit pas permis de croire de pareils faits sans les avoir vus de ses propres yeux. Quant à ce que quelques Auteurs rapportent, entr'autres *George Agricola,* que près de Narbonne & de Toulouse les pierres dont on fait les Meules de Moulin étant fort poreuses, enferment souvent dans leurs pores des Crapauds vivants qui ne manquent jamais de communiquer leur venin à la farine à travers les pores de la Meule lorsqu'elle s'échauffe trop : nous pensons qu'on est en droit de douter d'un fait si étrange.

Le Crapaud est un Animal si horrible à voir, qu'il fait trembler au premier aspect l'homme du monde le plus intrépide. Il s'enflamme de colère pour peu qu'on le touche ; il gonfle sa peau comme un Ballon, & résiste aux coups qu'on

lui porte ; il ne lâche point ce qu'il a
une fois faisi entre ses mâchoires ; il
marche lentement, & ne sauroit sauter
comme la Grenouille, parce qu'il a le
ventre gros, le corps lourd, & les pattes
courtes. Quand il se sent pressé, il lance
par derrière au visage de celui qui le
poursuit une liqueur limpide qui passe
pour veneneuse, & qu'on prend pour
son urine. *Christian - François Paullini*
dans un *Traité* particulier qu'il a composé *sur le Crapaud*, dit avoir appris de
Simon Paulli, homme sincère & veridi-
que, que cette liqueur virulente & fluide
comme de l'urine, est contenue dans une
bourse particulière analogue à la vessie.
Les Crapauds des pays chauds sont &
plus gros & plus venimeux que ceux des
pays froids, au rapport des voyageurs.
On en trouve en Italie qui sont gros
comme la tête d'un homme, & qui portent quelquefois leurs petits sur leur
dos. Si l'on en croit certains Auteurs, il
transpire de toutes les parties de leur
corps une humeur laiteuse qui jointe à
la bave qu'ils rendent par la gueule, infecte les herbes & les fruits sur lesquels
ils passent ; ce qui fait qu'il est très-dan-
géreux de manger des légumes, des fraises, des morilles & des champignons,

fans avoir été bien lavés. Le Crapaud a la vie fort dure, de même que la Grenouille; car percé d'outre en outre avec un pieu il vit encore dans cette fituation pendant quelques jours. Il ne fauroit fouffrir les rayons du foleil; il habite pour l'ordinaire dans des foffés, des antres ou cavernes profondes, des fumiers ou couches de jardins, des décombres, de vieilles mazures, dans les hayes, fous des tas de pierres, aux lieux ombrageux, fombres, humides, cachés, folitaires, puants; il fe tient renfermé durant le jour, à moins que la pluye ne l'invite à fortir, & pendant l'hyver que ces Animaux fe ramaffent par bandes dans un même trou; au printemps il s'annonce le foir vers le coucher du foleil par fon cri qui eft affez doux, & la nuit il va de côté & d'autre chercher fa vie; quoiqu'il paroiffe ramper fur la terre, il ne laiffe pas de faire de petits fauts. Il fe nourrit comme les Grenouilles d'Infectes, de Mouches & de Moucherons, de Vers, de Scarabées, de petits Limaçons, même de rofée & du limon de la terre, de la Sauge dont il aime beaucoup l'ombre, d'herbes veneneufes, fur-tout de la Ciguë qu'on appelle pour cela *Perfil de Crapaud*, s'il en faut croire quelques Auteurs. Selon M. *Linnæus*, le Stachys, l'herbe de S. Christophe & la Maroute ou Camomille puante, attirent le Crapaud. On prétend au contraire qu'il a une antipathie naturelle pour la Rue, pour le Buzard, le Lézard, le Canard, la Vipère & les autres Serpens ; le Chat, la Fourmi, la Taupe, l'Araignée, la Bellette, le Goudron & le Tabac. Nous ne garantirons point toutes ces antipathies, quoiqu'elles soient bien fondées pour la plûpart. Il est certain, par exemple, que si l'on répand du tabac en poudre sur le dos d'un Crapaud, il entre bientôt en convulsion, & meurt. Mais nous y pourrons revenir par la suite, après avoir dit deux mots de cette pierre si vantée qui doit se trouver dans la tête des Crapauds, nommée en Latin *Bufonites*, & en François *Crapaudine*.

Les Auteurs ne s'accordent point sur la nature de la pierre en question. *Hermolaüs Barbarus* pense que c'est une invention des Modernes qui en font mention sous le nom de *Borax*, & qu'on la chercheroit envain dans les Anciens, tels que *Pline*, *Galien* & *Dioscoride*. *Jean-Baptiste Porta* dit avoir disséqué plusieurs Crapauds sans découvrir cette pierre : aussi la croit-il minérale comme bien d'autres. *Adrien Spigelius* & *Antoine-Musa Braſſavole* aſſûrent que c'eſt plutôt un os qui ſe trouve dans la tête du Crapaud qu'une pierre. *Aldrovande* incul-que qu'on doit tirer la Crapaudine de la manière ſuivante : on expoſera un Crapaud enfermé dans une cage au ſoleil le plus ardent durant quelques jours juſ-qu'à ce que preſſé par la ſoif il vomiſſe cette pierre, qu'il faudra recevoir ſur le champ avant que l'Animal la ravale. Le croira qui voudra : pour nous, nous ne ſaurions le croire ; car on a expérimenté pluſieurs fois qu'il n'eſt pas poſſible que le Crapaud demeure expoſé pendant quelques jours aux rayons d'un ſoleil ardent, puiſqu'il y meurt en un quart d'heure. *Mizauld* dit qu'on enferme un Crapaud dans un pot de terre troué, & qu'on le met enſuite dans une four-millière pour y être mangé des Fourmis, qui ayant rongé la chair ne laiſſent que la pierre avec les os. *Boecler* eſt perſuadé que ces ſortes de pierres, qu'on nomme vulgairement *Crapaudines*, ne ſont rien autre choſe que des Ourſins de mer pé-trifiés.

Nous citerons à cette occaſion *Thomas Brown*, lequel s'exprime ainſi dans ſon *Eſſai ſur les erreurs populaires* : Il y a

fur l'urine des Crapauds, fur la pierre
qui fe trouve dans leur tête, & fur l'antipathie qui regne entr'eux & les Araignées, des opinions établies qui méri-
tent notre attention. 1°. On croit communément en Angleterre & ailleurs que
le Crapaud piffe, & que c'eft ainfi qu'il
jette fon venin. Cependant il eft douteux
que le Crapaud piffe. Quoique les Oifeaux, les Quadrupèdes ovipares & les
Serpens ayent des reins & des uretères,
& quelques Poiffons des veffies, il y a
lieu de croire qu'ils évacuent par le
même endroit les urines & les excrémens. Cette erreur a pu naître de ce
qu'on a quelquefois obfervé que les Crapauds en faifant une forte de bruit comme s'ils euffent craché, jettoient par
derrière une matière noire & liquide.
Nous ne nions pas ce fait; il fe peut
même que cette matière foit venimeufe:
mais auffi on peut douter que ce foit
leur urine, non parce qu'elle eft pouffée
en arrière par les deux sèxes, mais parce
que cette liqueur eft confondue avec les
excrémens; du moins c'eft ainfi qu'on
l'obferve ordinairement, quoiqu'il foit
poffible qu'elle s'évacue féparément.

2°. Pour ce qui eft de la pierre nommée Crapaudine, qu'on dit fe trouver

dans la tête de cet Animal, nous ne croyons pas le fait impossible. Nous trouvons tous les jours des substances pierreuses dans la tête des Morues, des Carpes, des Perches, & dans les gros Limaçons sans coquille, quoiqu'ils soient d'une substance molle & sans os. La Nature, comme si elle avoit voulu les dédommager des coquilles, leur a placé près de la tête une pierre blanche & platte, ou plutôt une concrétion testacée. Mais bien que nous admettions la possibilité de cette pierre dans les Crapauds, notre expérience & le témoignage de plusieurs Ecrivains nous apprennent que c'est une chose très-rare. Je dis plus ; il est douteux qu'il s'en trouve véritablement. Quoique les Lapidaires & les curieux déposent de ce fait, les Auteurs qui ont écrit sur les Minéraux & les Naturalistes sont d'une opinion différente. Ils croyent que ces Crapaudines sont des concrétions minérales qui se trouvent non dans la tête des Crapauds, mais dans les champs. Enfin, quand on supposeroit l'existence de cette pierre, autant que j'en puis juger, on ne doit pas la regarder comme une pierre mobile, mais plutôt comme une concrétion ou une *induration* du crâne même. Comme

le Crapaud se nourrit de terre , selon
quelques-uns , ces sortes d'indurations
peuvent quelquefois lui arriver. Il faut
donc se défier des pierres qui portent ce
nom , & plus encore de la tradition qui
fait avaler ou vuider aux Crapauds ces
mêmes pierres pour nuire à l'homme ou
lui causer du mal ; ce qui ne s'accorde
pas avec l'Anatomie. Ainsi l'on doit tenir une sorte de milieu entre ces deux
extrémités , & dire que quelques-unes
de ces pierres sont minérales , & que
quelques autres se rencontrent dans les
crânes pétrifiés des Crapauds. On en
trouve en Allemagne & ailleurs un grand
nombre de la première espèce. On en
trouve beaucoup moins de la seconde ,
& celles-ci ne ressemblent pas mal aux
pierres qui se rencontrent dans la tête
des Ecrevisses. On a reconnu au reste
que ces Crapaudines , ou du moins la
plûpart de celles qui sont en estime
parmi nous , n'étoient que des dents de
Loup-marin , Poisson commun dans les
mers Septentrionales , mais des dents
adroitement fabriquées , ainsi que l'a
publiquement déclaré *George Ent* , un
de nos Médecins les plus savants. Si ceux
qui ont des Crapaudines dont ils font
tant de cas , veulent les éprouver , ils

n'ont

n'ont qu'à appliquer un fer rouge à leur partie creuſe & raboteuſe : alors , ſi ce ſont de véritables Crapaudines , il ne s'exhalera aucune odeur ; le contraire arrivera , ſi ce ſont des pierres faites de dents ou de quelques autres parties d'A-nimaux.

3°. C'eſt une opinion généralement reçue , qu'il y a une antipathie invincible entre le Crapaud & l'Araignée. On leur attribue même des combats d'où l'Arai-gnée ſort preſque toujours victorieuſe. Il ſeroit à déſirer qu'on eût marqué pré-ciſément l'eſpèce de ces Animaux ; car le *Phalangium* & les Araignées veni-meuſes ſont differentes de celles qu'on voit en Angleterre. Si le fait étoit vérita-ble , nous ne manquerions jamais de con-trepoiſon dans les occaſions. Mais nous ne devons point omettre ici ce que nous avons obſervé nous-mêmes. Après avoir mis un Crapaud avec pluſieurs Araignées dans un verre , nous avons remarqué que les Araignées ſe tenoient tranquillement ſur la tête du Crapaud , ſans qu'il fît aucun mouvement pour les chaſſer , & qu'en-ſuite elles ſe promenoient ſur tout ſon corps ; mais qu'enfin il prit ſi bien ſon temps , qu'il les croqua les unes après les autres juſqu'au nombre de ſept dans

l'efpace de quelques heures. Les Crapauds en ufent de même à l'égard des
Abeilles. «

La prétendue antipathie qu'on établit
entre le Crapaud & la Bellette, n'eft
peut-être pas mieux fondée que la précédente. Selon *François Paullini*, il eft
d'expérience que la Bellette a tellement
en horreur le Crapaud, qu'à fon afpect
elle eft tourmentée d'inquiétudes mor-
telles, qui lui font jetter les hauts cris.
Dans cette trifte fituation, elle cherche
à s'échapper en grimpant fur les arbres
& fur les murailles qui fe préfentent ;
elle femble appeller à fon fecours de tous
côtés : mais voyant qu'il n'y a pas moyen
de s'enfuir, pouffée enfin au défefpoir,
elle approche du Crapaud comme pour
abréger par une mort prompte fes douleurs intolérables, ou plutôt elle court
à la vengeance ; mais malheureufement
au lieu de la victoire elle trouve la mort.
M. *Verduc* dans fa *Nouvelle Oftéologie*
en donne une explication fingulièrement
imaginée. Les Crapauds & les Serpens,
dit cet Auteur, avalent des Oifeaux tout
entiers avec facilité, parce qu'ils ont le
gofier fort large ; & la manière dont on
dit que les Crapauds avalent les petits
Oifeaux & les Bellettes, eft une chofe

assez surprenante, puisqu'ils les forcent à se jetter eux-mêmes dans leur gueule, comme s'ils les avoient enchantés. Tous les Naturalistes attribuent cet effet à une cause occulte ; mais essayons d'en rendre une raison qui soit naturelle. Voici comment je m'imagine que la chose arrive. Le Crapaud se retirant sur le gazon pour prendre le frais, ouvre une grande gueule & se repose dans cette situation, ensorte qu'il demeure immobile. Ainsi, s'il arrive par hazard qu'une Bellette ou quelque petit Oiseau vienne à passer dans le lieu où il s'est caché, ils entrent dans sa gueule comme dans un trou pour se nicher ; car on sait que la Bellette est un petit Animal fort vif qui cherche les trous ; & c'est de cette manière qu'on peut croire qu'elle demeure engloutie dans le ventre du Crapaud.

Comme le Crapaud a le regard farouche quand il est irrité, on s'est persuadé que cet animal dardoit sa liqueur veneneuse endevant plutôt qu'en arrière, c'est-à-dire, par les yeux, & non par l'anus ; ce qui ne nous paroît nullement conforme à l'expérience. On dit même que le Crapaud tue quelquefois l'homme de sa vue, qui à son tour peut le tuer de la sienne, comme il est attesté par feu M. L'Abbé *Rousseau* dans son livre des *Secrets & Remédes éprouvés*, au sujet des Crapauds qu'il fait entrer dans son Baume Tranquille. A l'occasion des Crapauds, dit cet Abbé, il me souvient d'en avoir fait une expérience aussi rare que curieuse, qu'on ne sera pas fâché de savoir. *Vanhelmont* dit que si l'on en met un dans un vaisseau assez profond pour qu'il ne puisse pas en sortir, & qu'on le regarde fixement, cet Animal ayant fait tous ses efforts pour sauter hors du vaisseau & fuir, se retourne, vous regarde fixement, & peu de momens après tombe mort. *Vanhelmont* attribue cet effet à une idée de peur horrible que le Crapaud conçoit à la vue de l'homme, laquelle par l'attention assidue s'excite & s'exalte jusqu'au point que l'Animal en est suffoqué. Je l'ai donc fait par quatre fois, & j'ai trouvé que *Vanhelmont* avoit dit la vérité : & à cette occasion un Turc qui étoit présent en Egypte où j'ai fait cette expérience pour la troisiéme fois, se récria que j'étois un Saint d'avoir tué de ma vue une bête qu'ils croyent être produite par le Diable, selon le principe erroné des Manichéens qui régne encore parmi ces Peuples ignorants. Une autre fois je l'ai fait tout de même , & le Crapaud n'en mourut pas , & je n'en fus point incommodé. Mais ayant voulu faire pour la dernière fois la même chose à Lyon , revenant des Pays Orientaux , bien loin que le Crapaud mourût , j'en pensai mourir moi-même. Cet Animal , après avoir tenté inutilement de sortir , se tourna vers moi , & s'enflant extraordinairement & s'élevant sur les quatre pieds , il souffloit impétueusement sans remuer de sa place , & me regardoit ainsi sans varier les yeux , que je voyois sensiblement rougir & s'enflammer. Il me prit à l'instant une foiblesse universelle , qui alla tout d'un coup jusqu'à l'évanouissement accompagné d'une sueur froide & d'un relâchement par les selles & par les urines ; desorte qu'on me crut mort. Je n'avois rien pour lors de plus présent que de la Thériaque & de la poudre de Vipères , dont on me donna une grande dose qui me fit revenir , & je continuai d'en prendre soir & matin pendant huit jours que la foiblesse me dura. C'est peut-être le Basilic de quelques Auteurs qu'on prétend qui tue de sa vue , ou du moins il a la même vertu. Il ne m'est pas permis de reveler tous les effets insignes , dont je sai que cet horrible Animal est capable.

On a débité bien des contes sur les Crapauds. 1°. Que cet Animal, nommé en Grec *Guéophagos* comme qui diroit *Mange-terre*, se nourrit de terre avec poids & mesure, attendu qu'il n'en mange journellement qu'autant qu'il en peut prendre dans un de ses pieds de devant, craignant que cet aliment ne vienne à lui manquer. 2°. Que le Crapaud s'accouple avec la Grenouille. 3°. Que les vieilles Cailles se changent en Crapauds. 4°. Qu'il s'engendre des Crapauds de la chair corrompue des Canards, ou du sang menstruel de la femme, ou de ce vermisseau enveloppé d'écume qui se trouve sur certaines plantes. 5°. Que la multitude des Crapauds est un signe infaillible de peste. 6°. Que si un œuf de Coq âgé de neuf ans est couvé par un Crapaud, il en naîtra un Basilic. Voilà des idées chimeriques qu'il suffit d'exposer pour les réfuter pleinement.

Outre le Crapaud terrestre ou commun dont nous venons de parler, il y a le Crapaud d'eau qui n'est pas moins horrible à voir que le précédent, & qui habite dans les mares bourbeuses, dans les fossés remplis d'eaux croupies, & dans les marais. *Schwenckfeld* l'appelle *Bufo*

paluſtris major, M. *Linnœus Rana abdo-
mine fulvo*, & nos pêcheurs de Grenouilles un *ſué*, apparemment parceque ſa
peau chargée de tubercules & relevée en
boſſes paroît toujours ſuante. Il paſſe
pour être moins venimeux que le Crapaud de terre, & c'eſt à cette ſorte de
Crapaud que doit ſe rapporter l'obſervation ſuivante de *Valliſnieri*, célébre
Profeſſeur en Médecine à Padoue. En
l'an 1692 des ſoldats Allemands qui
hivernoient dans le Château d'*Arceti*,
ayant vu au Printemps les gens de la
Campagne qui ſe plaiſoient à manger
des Grenouilles priſes dans un foſſé,
voulurent les imiter, & tirèrent de ce
même foſſé une grande quantité de Crapauds qu'ils prenoient pour des Grenouilles. Après les avoir préparés & fait cuire
comme ils avoient vu faire, ils en man-
gèrent avidement. Les Payſans qui n'ai-
moient guères ces hôtes, étoient bien
aiſes de les voir manger d'un pareil mets,
& s'attendoient à les voir tout de ſuite
tomber en défaillance : mais ils ſe trouvèrent fruſtrés dans leur attente ; car les
ſoldats en furent quittes pour une légère
excoration aux lévres, au palais, à la
langue & au gozier, jointe a de frequen-
tes envies d'uriner. Or *Valliſnieri* con-

jecture delà que la chair des Crapauds n'eſt point venimeuſe, d'autant que les Canards en mangent ſans inconvenient : mais cet argument ne nous paroît pas fort ſolide pour prouver que les Crapauds ſont exempts de venin ; car de ce qu'il y a eu de gens qui ont mangé impunément de la chair de Crapaud, on ne ſauroit inférer avec fondement que le venin de cet Animal appliqué au-dehors ne ſoit pas pernicieux. La chair de la Vipère n'a rien de nuiſible ; on peut même, ſuivant les expériences de *Rédi*, avaler ſans riſque ſon ſuc jaune, quoique ce même ſuc appliqué ſur une playe ou introduit par la morſure de l'Animal puiſſe devenir mortel. Le Crapaud d'eau, avant de parvenir à ſon état de perfection, paſſe pour celui de *Girinus* ou Têtard comme la Grenouille ordinaire. Il n'eſt pas muet comme l'ont avancé quelques Auteurs, & M. *Linnœus* remarque avec raiſon qu'il chante comme le Coucou. Nous y avons été trompés plus d'une fois : nous obſerverons ſeulement en paſſant que ſi ces mêmes Crapauds chantent pluſieurs à la fois, on croiroit entendre de loin une muete de Chiens courants qui ſont à la chaſſe.

Le Crapaud ſe nomme en Grec *Phruné*

ou *Phufalos* ; en Italien *Rofpo* ou *Botto* ;
en Allemand *Kroette*, *Taafche* ou *Botte* ;
en Flamand *Padde* ; en Anglois *Toad* ;
en Suédois *Padda* ou *Taoffa*. On l'appel-
loit anciennement en François *Boterel*,
ou *Botterol* felon *Cotgrave*. Quant au
mot *Crapaud* ou *Crapauld*, qu'on trouve
auffi écrit *Crapault*, *Crapaut* ou *Crapau*,
Ménage le dérive de *Crepare*, parceque
cet Animal s'enfle à crever ; ou de *repere*,
parcequ'il femble plutôt ramper que fau-
ter ; ou de *Crifpaldus* diminutif de *Crif-
pus*, parce que fa peau eft crêpée ou grainée. On appelle un petit Crapaud *Cra-
paudeau*. Quelques-uns nomment la fémelle du Crapaud une *Crapaude*.

Le Crapaud contient beaucoup d'huile
& de Sel volatil. Il eft employé en Médecine intérieurement & extérieurement.
Son principal ufage interne eft pour vuider les eaux des Hydropiques : on fait
pour cela fécher des Crapauds au foleil,
ou bien dans un pot de terre neuf à un
four de Boulanger ; on les pulvérife enfuite, & l'on en donne la poudre depuis
douze grains jufqu'à un demi-gros &
plus dans quelques onces d'eau de Parié-
taire, ou l'on en fait un Bol avec le Syrop
des cinq racines, ce qui pouffe abondamment par les urines. La vertu diurétique

de cette poudre eſt dûe au hazard, à ce que rapporte *Solenander* de la manière ſuivante. Un habitant de Rome ayant eu le malheur d'être attaqué d'une Hydropiſie, ſa femme qui craignoit la dépenſe d'une longue maladie reſolut de l'empoiſonner. Pour cet effet elle lui donna une doſe de poudre de Crapauds calcinés dans un pot de terre, qui lui fit rendre une quantité prodigieuſe d'urines. Cette femme toujours plus empreſſée à ſe débarraſſer d'un mari qui lui étoit autant inutile que coûteux, lui donna une ſeconde doſe de cette poudre qui acheva d'évacuer les eaux par les urines, & rendit la ſanté à ce malheureux. C'eſt ainſi que la providence ſe joua de l'avarice & de l'impudicité de cette femme, & que ce qu'elle avoit deſtiné pour empoiſonner ſon mari devint pour lui un remède efficace.

Il y a toute apparence que les effets que produiſent les cendres & la poudre de Crapauds ne viennent que de leur acrimonie, & de la qualité réſolutive & alkaline qu'elles contiennent; ce qu'on doit attribuer en partie aux Mouches & aux vers dont ſe nourriſſent les Crapauds, & qui fourniſſent beaucoup d'alkali volatil. De-là ces évacuations copieuſes d'u-

urine & ces sueurs abondantes qu'elles
excitent suivant le tempérament du malade & le régime dont il use. Ces raisons
ont porté un grand nombre de Médecins à ordonner la poudre de Crapauds
dans les maladies pestilentielles, dans les
dyssenteries épidémiques, & même dans
la petite-Vérole ; & la poudre éthiopique de *Bates* qui n'est autre chose que
la cendre de Crapauds calcinés, fait,
suivant cet Auteur, des effets merveilleux
dans cette dernière maladie, donnée à
la dose d'un demi-gros & plus. Quelques
Auteurs, du savoir & de la bonne foi
desquels on ne peut douter, prétendent
que cette poudre est un excellent antidote. M. *Helvetius* appelle la poudre de
Crapauds calcinés *Poudre Sudorifique* :
cette qualité sudorifique du Crapaud est
suffisamment confirmée par ce qui arriva
à un certain villageois qui se croyant attaqué de la Peste fit bouillir un Crapaud
avec tous ses intestins dans du vinaigre,
le mangea ensuite, & en but le bouillon.
Ce remède, tout choquant qu'il est, produisit l'effet le plus heureux : il occasionna
une évacuation abondante d'urines & des
sueurs copieuses qui continuèrent un
jour entier, & qui en détruisant la cause
de la contagion, rendirent la santé au

malade. Cette même poudre donnée intérieurement à la dose de quinze ou vingt grains, appaise efficacement les douleurs de la Goutte, & celles sur-tout dont les playes sont accompagnées.

Quelques-uns font mourir des Crapauds dans de l'esprit de vin ; & après les avoir retirés, ils les mettent dans une retorte, & à un feu de reverbère gradué ils en tirent un esprit & un sel volatil qui sont excellents comme sudorifiques & diurétiques. La dose du sel est depuis six jusqu'à douze grains dans une liqueur convenable ; & celle de l'esprit, depuis vingt jusqu'à trente gouttes. On tire aussi un sel fixe, mais en petite quantité, des Crapauds calcinés tout vifs : on l'employe à la dose de quatre grains dans les fiévres intermittentes ; il agit par sa vertu alkaline. Nous ne devons pas oublier un remède qu'on prétend infaillible pour la guérison de ces sortes de fièvres, & qui est rapporté dans les *Ephémérides d'Allemagne, Décurie II, Année 8. Observ.* 104. il consiste à boire du lait, dans lequel on a fait bouillir un Crapaud desséché ; ce réméde evacue efficacement la matière febrile par le vomissement, les sueurs & les urines.

Quant à l'usage extérieur de cet Animal, on fait qu'un Crapaud fec pendu au cou, ou placé fous les aiffelles, ou tenu dans la main jufqu'à ce qu'il s'échauffe, arrête fouvent l'hémorragie du nez, celles qui furviennent dans les fièvres malignes, dans la petite-vérole, & autres maladies femblables. Les Crapauds appliqués fur les bubons peftilentiels attirent tout le venin, & guériffent fûrement le malade. Le Docteur *Kramer*, célébre Médecin Allemand, rapporte à ce fujet l'obfervation fuivante. J'ai connu, dit-il, plufieurs habitans de la campagne qui pour avoir affifté des perfonnes attaquées de la Pefte avoient tous les fymptômes de la maladie, fi l'on en excepte les charbons, mais fur-tout des bubons qui n'étoient pas encore entièrement formés; les feuls moyens qu'ils employoient pour fe guérir, étoient de mettre fur eux de bonnes couvertures, & d'appliquer fous leurs cuiffes & leur perinée entre le *Scrotum* & l'anus, des Crapauds entiers féchés à l'air & enveloppés dans du linge; ils avoient foin de ne rien faire qui pût empêcher la tranfpiration de la matière; & pour fon entière évacuation, ils laiffoient les Crapauds fur les parties dont nous avons parlé, jufqu'à ce qu'ils ne s'enflaffent plus; ce qui étoit la mar-

que que tout le venin étoit attiré. On
ôtoit les premiers, & l'on en remettoit
d'autres trois ou quatre fois de fuite juſqu'à ce que le malade fût entièrement
guéri : *Vanhelmont* aſſûre qu'il n'a jamais
appliqué de Crapauds ſur les bubons
& autres tumeurs inflammatoires, qu'ils
n'aient appaiſé la douleur, & apporté un
ſoulagement conſidérable. Le même Auteur prétend qu'un Crapaud vivant appliqué ſur les reins guérit l'hidropiſie en
procurant une abondante évacuation
d'urine. Nous avons vû nous-mêmes une
perſonne guérir aſſez heureuſement des
tumeurs écrouelleuſes en appliquant
deſſus un gros Crapaud vivant eventré
qu'on avoit fait jeûner auparavant pendant neuf jours : on tient l'Animal fixe
ſur la tumeur avec des compreſſes, &
on l'y laiſſe neuf jours entiers malgré la
puanteur ; on lève enſuite l'appareil,
& la tumeur ſe trouve ordinairement
fondue : mais comme la peau eſt écorchée, on met deſſus du linge blanc ; ce
qui ſuffit au bout de quelques jours pour
achever la guériſon.

Le Crapaud calciné ou ſéché au point
qu'on puiſſe le réduire en poudre, eſt,
ſi l'on en croit *Ettmuller*, d'une utilité
admirable dans la cure des cancers, ſur-

tout de ceux qui viennent au sein des femmes , & qui sont ulcerées. La méthode d'appliquer cette poudre ne consiste qu'à en soupoudrer la partie affectée : on peut encore la mêler avec de l'Orpin & de la suye, l'appliquer avec un plumaceau après l'avoir humectée avec de la salive. M. *Charas* dit que l'os de la jambe gauche de devant qu'on appelle le bras du Crapaud , appliqué contre la dent en appaise la douleur , suivant *Vanhelmont* & l'expérience de quelques Modernes.

On prépare avec les Crapauds une huile par infusion, & une par coction. On fait la première en mettant infuser une demi - douzaine de Crapauds vivants dans deux livres d'huile d'Olives. Celle par coction se fait en laissant bouillir doucement une douzaine de Crapauds coupés par morceaux dans trois livres d'huile d'Olives & douze onces de vin blanc. On cuit le tout jusqu'à ce que la plus grande partie de l'humidité aqueuse des Crapauds soit consumée. On coule alors l'huile avec une forte expression, & on la garde pour le besoin. Ces huiles sont anodynes & détersives. On s'en sert pour les pustules des lèvres & pour les cancers des mammelles ;

elles font beaucoup de bien dans l'hydropifie en excitant une décharge abondante d'urine , lorfqu'on en oint la région des reins. Suivant *Schulzius* dans fes *Prælectiones* , ces huiles font admirables dans la cure des playes empoifonnées. *Charles Mufitan* affûre qu'elles remedient à la chûte & aux autres Maladies des cheveux ; il ne faut qu'en oindre fouvent la tête après l'avoir rafée , & s'être fait purger. Selon *Jacobæus* , elles détergent les ulcères , diffipent les taches du vifage & les tumeurs fcrophuleufes beaucoup plus efficacement qu'aucun autre remède. Enfin, elles réfolvent les tumeurs de toute efpèce , & appaifent les douleurs de quelque nature qu'elles foient , lorfqu'on en oint la partie affectée. Nous venons de dire qu'on tiroit des Crapauds par la diftillation un efprit & un fel volatil qui étoient d'excellents fudorifiques & diurétiques. Ce même efprit volatil fans être rectifié , appliqué tiède deux ou trois fois le jour fur un linge en trois ou quatre doubles , fur les cancers occultes des mammelles paffe dans les *Ephémérides d'Allemagne* , *Centurie IV. Obferv.* 179 , pour un remède fpecifique dans cette Maladie. L'Auteur affûre avoir vu par lui-même plusieurs personnes à qui l'on devoit faire l'opération, guéries par la seule application de ce topique. Il est bien à souhaiter que cela soit, & qu'on veuille vérifier dans ce pays-ci des expériences qui puissent assûrer un bon remède contre un si grand mal.

Suivant M. *Lemery*, on trouve quelquefois dans la tête des plus gros & des plus vieux Crapauds une petite pierre blanche, ou d'autre couleur, qu'on appelle ordinairement *Crapaudine* ou *Pierre de Crapaud* ; on l'enchâsse dans les bagues, & on la porte au doigt, croyant qu'elle ait une grande vertu pour garantir celui qui la porte de toutes sortes de poisons. On en raconte des faits merveilleux : mais comme ces faits ne sont accompagnés d'aucune autorité, nous n'y faisons pas grande attention, & nous n'avons guéres d'estime pour cet amulette. Nous remarquons seulement que si elle est capable de produire quelque effet, c'est quand on la prend intérieurement : comme elle est d'une nature alkaline, elle peut absorber les acides, & guérir les diarrhées, la dyssenterie, & pousser par les urines.

Les Crapauds sont venimeux, il n'y a

pas à en douter après le grand nombre
d'Obfervations qu'on a fur ce fujet :
mais c'eft dans la bave & l'urine de cet
Animal que réfide fon venin, & non
pas dans fon corps. On a trouvé des
perfonnes qui fe font familiarifées avec
les Crapauds, & qui après en avoir
mangé par gageure ou par boutade
ont affûré les avoir trouvés auffi bons que
les Grenouilles : mais la bave & l'urine
du Crapaud font virulentes ; elles font
enfler la partie du corps fur laquelle elles
tombent ; & lorfque des herbes & des
fruits en ont été fouillés, ils produifent
des effets très-fâcheux par leur qualité
venimeufe, fi on les mange fans les
laver. *Turner* rapporte qu'une perfonne
de fa connoiffance ayant par plaifanterie
tenu pendant quelque temps la tête d'un
Crapaud dans fa bouche, eut la même
nuit & le jour fuivant la langue & les
levres fi extraordinairement enflées,
foit que cet Animal en colère l'eût
mordu, ou n'eût fait que répandre fa
bave fur ces parties, qu'il lui fut impoffible pendant plufieurs jours de prononn-
cer un feul mot : elle courut même
rifque de mourir de faim à caufe que
l'enflure avoit affecté les parties pofté-
rieures de la gorge avec les mufcles qui

servent à la déglutition. *Rédi* rapportant plusieurs exemples de personnes qui mangent des Crapauds , ajoûte qu'encore que cet Animal puisse n'être pas absolument venimeux , il peut cependant le devenir pour ceux qui le touchent. Il cite entr'autres celui d'un enfant qui ayant rencontré un Crapaud , s'amusa à lui jetter des pierres : mais malheureusement pour lui quelques gouttes de son urine qu'il lui lança , ayant jailli sur ses lèvres , elles s'enflèrent de la grosseur de deux pouces sans qu'elles aient jamais pu se remettre dans leur état naturel , parce qu'on négligea d'y appliquer les remèdes convenables. Rien n'est plus tragique que l'histoire que rapporte *Ambroise Paré* pour faire voir comment les Crapauds empoisonnent par leur urine & leur bave les plantes & sur-tout les fraises qu'ils aiment passionnément. C'est en mangeant de ces fruits que plusieurs se sont donné la mort sans le savoir ; & il arrive souvent qu'on est attaqué d'indigestions dont on ne connoît pas la cause , qui n'en ont point d'autre que la virulence des salades ou des fruits qu'on a mangés. *Paré* rapporte donc que deux marchands des environs de Toulouse étant à se promener en attendant le dîner dans le jardin de l'Hôtellerie où ils étoient, cueillirent quelques feuilles de fauge qu'ils mirent fans les laver dans le vin qu'on devoit leur servir. Ils n'avoient pas encore fini de dîner, qu'ils furent faifis d'un vertige & de convulfions ; ils perdirent la vue, tombèrent en foibleffe ; ils begayèrent, leurs langues devinrent noires, leurs yeux effarés, & ils furent faifis d'un vomiffement continuel, auquel fuccedèrent des fueurs froides, avant coureurs de la mort qui fuivit bien-tôt après. Leurs corps étant venus à s'enfler confidérablement, on ne doùta plus qu'ils n'euffent été empoifonnés. On faifit donc tous ceux qui étoient dans l'auberge, fans en excepter même les conviés ; on les interrogea : mais tous foutinrent qu'ils étoient innocents, qu'ils avoient ufé des mêmes mets que les défunts, à la réferve qu'ils n'avoient point mis comme eux de la fauge dans leur vin. Un Médecin à qui l'on demanda s'il fe pouvoit faire que cette plante fût empoifonnée, foutint l'affirmative, ajoûtant qu'il n'étoit pas impoffible que quelque Animal venimeux l'eût infectée de fa bave ou de fa fanie. L'évenement juftifia la conjecture du Médecin ; car

on trouva vers la racine de ce pied de
fauge un trou rempli de Crapauds qu'on
fit fortir en y verfant de l'eau bouillante ;
ce qui ne permit plus de douter que
cette plante avoit été empoifonnée par
leur bave ou par leur urine venimeufe.
On ne fauroit par conféquent trop blâ-
mer l'indifcretion de ceux qui mangent
des herbes ou des fruits nouvellement
cueillis fans les laver auparavant.

Les fymptômes que caufe le venin du
Crapaud , font la couleur jaune de la
peau , l'enflure , la difficulté de refpirer ,
l'engourdiffement , le vertige , les convulfions , la défaillance , les fueurs froides ,
& la mort.

Pour remedier à ces accidens , fuppofé
qu'on ait avalé du venin , il faut l'évacuer par des émétiques & des lavemens ,
& ufer enfuite d'antidotes convenables ,
tels que quelques prifes de fel volatil
de Crapauds , ou de corne de Cerf , ou
de la Thériaque de Venife diffoute dans
un verre de bon vin , afin que s'il s'eft
fait quelque coagulation dans le fang , ce
remède la diffolve , & en excitant la fueur
faffe tranfpirer la malignité au-dehors.
Mais fi le Crapaud n'a répandu fon venin
qu'à l'extérieur , on peut fe contenter de
laver la partie avec de l'urine , ou de

l'eau de vie, ou avec le l'eau & du sel ; ce qui est suffisant sur-tout dans nos climats tempérés où les Animaux venimeux le font moins que dans les pays chauds.

Les Crapauds entiers entrent dans le Baume tranquille & dans la poudre éthiopique de *Bates* ; les têtes de Crapauds entrent dans le baume *de Leitour* de la Pharmacopée de Paris.

> Prenez des Crapauds, telle quantité qu'il vous plaira.
> Otez-en la tête & les intestins, & après les avoir fait sécher au soleil, réduisez-les en poudre.
> La dose en est de dix à quinze grains, en y ajoûtant la même quantité de sucre.
> Cette poudre est excellente dans l'hydropisie ascite : on peut en user trois ou quatre fois, mais en mettant quatre jours d'intervalle entre chaque prise ; car elle purge quelquefois avec violence.

> Prenez une demi-livre de Crapauds ; de l'huile d'olives, quatre onces ; de la cire, une once & demi.
> Faites bouillir ces drogues dans un pot jusqu'à la diminution de la

moitié, ou juſqu'à ce qu'elles aient acquis la conſiſtence d'un Cerat qu'on étendra ſur une peau, ou ſur une compreſſe pour l'appliquer ſur la région des reins dans la douleur & la foibleſſe de ces parties.

SALAMANDRA.

Salamandre.

Tous les Naturaliſtes admettent deux ſortes de Salamandre qui varient entr'elles pour la forme, la couleur & la grandeur ; ſavoir, la Salamandre terreſtre, & la Salamandre aquatique.

La Salamandre terreſtre ou commune ; *Salamandra*, offic. Schrod. 345. Dal Pharm. 433. Geſn *de Quad. Ovip.* 80. Aldrov. *de Quad. Ovip.* 639. Schwenckf. ſept. Siles. 163. *Salamandra terreſtris, maculis luteis diſtincta*, Charlet. Exer. 28. *Salamandra terreſtris*, Jonſt. *de Quad.* 137. Ray Sinop. Anim. *Quad.* 273. *Salamandra terreſtris, vera, nigra, maculis luteis variegata ; lacerta ſtellata venenoſa ; lacertus melanoxanthus*, Nonnull.

Selon le Docteur *Jean-Paul Wurffbainius*, de *l'Académie des Curieux de la*

Nature, à qui nous devons un traité complet fur la Salamandre intitulé *Salamandrologia*, cet Animal qui ne mérite pas plus le nom d'Infecte que la Grenouille & le Crapaud, eft un reptile à quatre pieds, fort reffemblant au Lézard verd, ayant néanmoins la tête & le ventre plus gros, & la queue plus courte ; le mufeau un peu mouffe ; les yeux affez gros ; quatre doigts aux pieds de devant, & cinq à ceux de derrière, munis de petits ongles ; la peau noire, ordinairement parfemée de grandes taches jaunes, reluifante, & comme induite d'un certain vernis. Après avoir ouvert le bas-ventre, on apperçoit d'abord le Péritoine parfemé de petits points noirâtres, lequel montant vers la naiffance des pieds de devant, fépare le cœur des poumons & des vifcères de l'abdomen, comme fait le Diaphragme dans la plûpart des Animaux ; puis l'eftomac qui fe trouve quelquefois rempli de terre fabloneufe & de fragmens de vers de terre ; le foye grand, divifé en trois lobes ; la véficule du fiel ronde, bleuâtre, attachée au lobe droit du foye ; la ratte petite, fituée au côté gauche de l'eftomac ; les reins oblongs ; les inteftins refléchis en diverfes circonvolutions

convolutions depuis le pylore jufqu'à l'anus, & fous les inteftins plufieurs petits œufs ronds, enfuite la Matrice fourchue, dont les trompes remontent en formant des anfractuofités, & fe joignent par les deux extrémités ; dans le mâle quatre gros Tefticules, dont quelques-uns font tout ronds, d'autres en forme de poire, & quelques autres plus petits qui font peut-être les Epididymes ; enfin des fachets attenant aux Tefticules, nommées *Huileux*, à caufe de la matière huileufe qu'ils ont accoutumé de contenir en abondance.

La poitrine renferme le cœur qui eft petit, d'un rouge-pâle, picté de noir, & les poumons formés de deux petits facs oblongs deftinés à recevoir l'air, clairs & tranfparents, fournis dans toute leur longueur d'une infinité de veines très-déliées, lefquels tirant leur origine du commencement de l'œfophage fe continuent dans l'abdomen jufqu'à l'Ovaire.

La tête préfente de chaque côté derrière les yeux une glande fuperficielle reffemblante à une eminence jaune marquée de petits points noirâtres, laquelle rend un fuc laiteux pour peu qu'on la comprime ou qu'on la bleffe. On y découvre les narines marquées par deux petits trous ; les yeux farouches & saillants , munis de paupières jaunes & mobiles en-dessus , noires & immobiles en-dessous , avec leurs trois humeurs , dont le Cryſtallin approche plutôt d'une exacte rondeur que d'une rondeur un peu oblongue , comme c'eſt la coutume dans les autres Animaux ; la langue comme dans les Grenouilles , épaiſſe , muqueuſe , large ; mais nulle apparence d'oreilles ; dans le Crâne une très-petite quantité de cervelle qui repréſente groſſièrement une figure pyramidale , à laquelle ſe joint vers les vertèbres une autre portion arrondie qui conſtitue peut-être le Cervelet.

Quant au ſquelette de la Salamandre, il reſſemble plus en devant au ſquelette de la Grenouille qu'à celui du Lézard , la contexture oſſeuſe de la tête étant à peu près la même que dans les Grenouilles ; car les trous des yeux ſont aſſez grands , au lieu que le ſiége du cerveau eſt fort étroit ; la mâchoire tant ſupérieure qu'inférieure & le palais , garnis de petites dents en manière de ſcie rangées à la file , bien qu'on diſe que dans les Grenouilles la mâchoire inférieure eſt dépourvue de dents ; la poitrine for-

mée seulement de deux Cartilages contigus, assez larges, garnis l'un & l'autre
d'une petite éminence vers la tête ;
en quoi elle différe un peu des Grenouilles ; les épaules adhérantes aux
cartilages de la poitrine, & couchées
sur les épines des vertèbres, d'une substance pareillement cartilagineuse, mince, qui ressemble à l'os de la tête d'une
Carpe ; les jambes de devant attachées
aux épaules, formées de deux os articulés ensemble, qui vers la fin s'entrou-
vrent l'un & l'autre par une légère divi-
sion qui ne pénètre point ; le Carpe &
le Metacarpe composés, le premier de
huit osselets plus petits, & le second de
quatre osselets oblongs où tiennent les
doigts, savoir quatre aux pieds de devant, & cinq aux pieds de derrière,
chaque doigt étant composé à son tour
de trois osselets ; les vertèbres sans côtes,
mais munis d'épines à la place des côtes
terminées par un os *Sacrum* creux &
troué des deux côtés, où s'articulent par
synchondrose deux osselets qui ont en
haut deux saillies d'une substance cartilagineuse, & qui font l'office des os, des
hanches & des os pubis, étant liés par
le moyen de leurs propres ligamens ;
& c'est à quoi sont attachées les jambes

de detrière qui ne diffèrent guères des jambes de devant que par le nombre des doigts. Enfin la queue tient à l'os *sacrum* , & est formée de vertèbres d'abord plus larges qui vont insensiblement en diminuant de grandeur.

La Salamandre terrestre a de fort belles couleurs ; & si son aspect semble affreux & dégoûtant, ce n'est qu'à cause de l'idée qu'on s'est figurée de sa qualité venimeuse ; car nous avons été témoins que des gens qui frémissoient d'horreur à sa vue , étant ensuite rassurés sur son venin , & nous la voyant manier impunément , la manioient eux - mêmes sans rien craindre. Comme le monde est plein de préjugés & de superstitions qui se perpétuent par tradition , il arrive assez souvent que de bons Auteurs parlent de choses qu'ils n'ont point été à portée de voir , & copient les erreurs de ceux qui les ont précédés. Que n'a-t-on pas dit d'après *Pline* sur le suc laiteux que la Salamandre rend par tout son corps quand on la frappe , ou de la sanie qu'elle vomit ! on a prétendu que ce suc laiteux ou cette sanie non-seulement faisoit tomber tout le poil , quelque partie du corps qui en eût été touchée ; mais même infectoit les herbes

& les fruits, au grand dommage des personnes qui en mangeoient, aussi bien que les puits si elle venoit à y tomber ; ce qui étoit capable d'empoisonner des familles entières. Cependant nous avons eu beau frapper & irriter des Salamandres, nous n'avons jamais pu les contraindre à verser par tout le corps cette humeur laiteuse, ni à vomir cette bave ou sanie virulente. La vérité est que si leur peau est écorchée, ou leur queue ou quelqu'autre partie de leur corps violemment comprimée, il découle seulement de l'endroit blessé quelques gouttes de suc laiteux. Faute d'avoir compris la pensée d'*Aristote* qui a soin d'avertir qu'il ne parle que par ouï dire, on a assûré sur sa parole que la Salamandre pouvoit vivre & se nourrir dans le feu ; de là ces Hiéroglyphes, ces devises & ces emblêmes qu'on trouve usités chez les Anciens & même chez les Modernes. A en croire certains Auteurs, cet Animal est si froid, qu'il peut passer sans risque à travers le feu, & éteindre les charbons les plus ardents comme feroit la glace. On a plus d'une fois éprouvé le contraire. Une Salamandre pourra peut-être reprimer une petit feu pendant un certain temps par le moyen

I iij

de sa viscosité froide & glaireuse : mais comme il n'est rien dans les corps inanimés, à plus forte raison dans les Animaux, que le feu ne consume, elle n'y sauroit résister. Suivant les *Transactions Philosophiques*, le Chevalier *Corvini* ayant jetté à Rome dans le feu une Salamandre apportée des Indes, elle s'enfla d'abord, & vomit une grande quantité de matière épaisse & glaireuse qui éteignit les charbons : lorsqu'on ralluma le feu, & qu'on y jetta de nouveau la Salamandre, elle l'éteignit comme auparavant ; & de cette manière elle se garantit de la violence du feu pendant deux heures. Elle vêcut neuf mois après ce temps-là. Nous ne nierons point le fait : mais il faut ou que les Salamandres des Indes soient différentes des nôtres, ou que les charbons éteints par celle du chevalier *Corvini* fussent bien peu allumés. Nos Salamandres étant chargées d'une humidité visqueuse pourroient bien se conserver quelque temps dans le feu, & l'éteindre jusqu'à un certain point comme l'éteindroient les Grenouilles, les Limaçons, les morceaux de chair crue, les blancs d'œufs, & toutes les substances tenaces & glaireuses : mais cette humidité une fois consumée, il faut absolument qu'elles périssent. Ainsi quoique ce soit une tradition reçue par les Anciens & appuyée sur un grand nombre de témoignages, que la Salamandre vive au milieu des flammes, elle n'en est pas moins fausse, & c'est en vain que les Magiciens se flattent de faire cesser le feu en jettant des Salamandres dans les maisons où il auroit pris. On dit que la Salamandre est hardie, & qu'elle fait résistance à celui qui l'attaque : c'est une nouvelle méprise ; si elle semble résister, ce n'est que parce qu'elle marche très-lentement. Quand on la bat, elle commence par redresser sa queue comme pour se revanger ; mais si l'on redouble les coups, elle contrefait la morte. Elle est muette ; du moins nous n'avons jamais pu entendre sa voix ; elle a la vie extrêmement dure : bien qu'on lui ait arraché le cœur avec les autres viscères, elle vit encore plusieurs heures après, de même que les autres espèces de Lézards, les Grenouilles, les Crapauds, & les Serpens. Si on la coupe vivante par la moitié, la partie antérieure avance, & la postérieure recule : jettée entière dans le sel, ou trempée dans le vinaigre, elle y périt en convulsion, comme le Lézard commun, les vers de terre, & autres petits Animaux. Nous avons éprouvé qu'elle peut rester quelques jours saine & sauve dans l'eau, & qu'elle s'y dépouille d'une pellicule très-mince & très-légère de couleur cendrée un peu verdâtre. On en a gardé une en vie pendant six mois dans de l'eau de puits, ayant l'attention de la changer quand elle étoit trouble, & *Oligerus Jacobæus* dit en avoir conservé une pendant près d'un an dans l'eau seule sans aucune nourriture. On observe que toutes les fois qu'on la plonge dans l'eau, elle s'efforce de faire sortir au-dehors sa bouche & ses narines. L'expérience prouve contre l'opinion commune, qu'elle n'est ni sourde ni sans sêxe. Suivant *Belon*, elle est vivipare comme la Vipère, faisant 40 ou 50 petits d'une seule portée. *Maurice Hoffman* a trouvé dans une fémelle disséquée à Padoue treize petits qui étoient à peine longs comme la moitié du petit doigt, tout noirs, sans taches jaunes, marqués à la poitrine d'un point fort rouge ressemblant au cœur. Nous avons vû nous-mêmes avec étonnement une Salamandre qui a fait dans un grand bocal trente-quatre petits vivants longs au plus comme la dernière phalange du petit doigt, d'une couleur pâle parsemée de taches noirâtres. Les uns disent qu'elle vit d'air uniquement comme le Caméléon ; d'autres, qu'elle aime le lait, & que dans les bois elle tette quelquefois les Vaches, dont les mammelles tariffent enfuite ; d'autres enfin, qu'elle fe plaît à manger les Abeilles & leurs rayons de miel. Nous croyons qu'elle fe nourrit de mouches, de limaçons, de Scarabées, & de vers de terre, comme font les autres Lézards & les Grenouilles. La Salamandre paroît au Printemps & en Automne, fur-tout dans un temps humide ; car elle préfage la pluye. En Eté & quand le ciel eft ferain, elle n'ofe fe montrer à caufe de l'ardeur du foleil ; & en Hyver elle refte cachée & engourdie à caufe de la rigueur du froid. Elle habite dans les vallons, dans les creux des arbres, dans les décombres des vieux bâtimens, fous des tas de pierres, dans les hayes affez fouvent fous des fouches de coudriers, où l'on en trouve des nichées ; elle n'eft pas rare en Italie, en Suiffe, en Allemagne, en Picardie, en Normandie, & ailleurs : mais elle ne fe trouve point en Suède, felon M. *Linnæus.*

L v

C'en seroit peut-être assez sur la Salamandre terrestre : mais pour confirmer la vérité des faits que nous avons tirés pour la plupart de la *Salamandrologie* du Docteur *Wurbffainius* , & pour donner en même temps une plus ample connoissance de cet Animal singulier , nous avons cru devoir profiter d'un mémoire imprimé parmi ceux de *l'Académie Royale des Sciences , Année* 1727 , *page* 27 , sous le titre d'*Observations & Expériences sur une des espèces de Salamandre , par M. de Maupertuis.*

Sans entrer, dit cet illustre Académicien, dans le détail de toutes les espèces de Salamandres, ni de ce que plusieurs Auteurs en ont écrit , voici quelques observations que j'ai faites sur une des espèces de cet Animal, celle que les Naturalistes appellent *Salamandre terrestre.*

C'est une espèce de Lézard , long de 5 ou 6 pouces. Sa tête est large & platte comme celle du Crapaud ; ses pattes aussi ressemblent plus à celles du Crapaud qu'à celles du Lézard , dont elle a le corps & la queue , quoique l'un & l'autre plus gros. Sa queue cependant ne se termine point en pointe aiguë comme celle du Lézard , mais peut avoir une ligne de diamètre à son extrémité. Le deſſus de l'Animal eſt noir, marqueté de jaune. Le ventre eſt brun & quelquefois jaunâtre. Deux bandes jaunes partent des deux côtés de la tête au-deſſus des yeux, & s'étendent parallèlement juſqu'à l'origine de la queue. Ces bandes ſe terminent ordinairement vers le milieu du corps, puis reprennent ; quelquefois, mais rarement, elles ſont ſans interruption. Tout le reſte de l'Animal eſt bigarré de taches jaunes qui n'affectent ni figures ni lieux particuliers. La peau eſt ſans écailles, aſſez liſſe, excepté aux côtés qu'elle paroît un peu chagrinée. On voit ſur le dos deux rangs parallèles de mammelons, qui accompagnent l'épine dans toute ſa longueur. La Salamandre a quelquefois la peau ſèche comme un Lézard : le plus ſouvent elle eſt enduite d'une eſpèce de roſée qui rend ſa peau comme vernie, ſur - tout lorſqu'on la touche, & elle paſſe dans un moment de l'un à l'autre état. Une propriété encore plus ſingulière, c'eſt de contenir ſous la peau une eſpèce de lait qui jaillit aſſez loin lorſqu'on preſſe l'Animal. Ce lait s'échappe par une infinité de trous, dont pluſieurs ſont très-fensibles à la vue fans le fecours de la Loupe, fur - tout ceux qui répondent aux mammelons. Quoique la première liqueur qui fert à enduire la peau de l'Animal, n'ait aucune couleur, & ne paroiffe qu'un vernis tranfparent, elle pourroit bien être la même que le lait dont nous parlons, mais répandu en gouttes fi fines & en fi petite quantité, qu'il ne paroît point de fa blancheur ordinaire. Ce lait reffemble affez au lait que quelques plantes répandent quand on les coupe ; il eft d'une âcreté & d'une ftypticité infupportable, & quoique mis fur la langue il ne caufe aucun mal durable, on croiroit trouver à l'endroit qu'il a touché une cicatrice, ou du moins une pliffure. Certains poiffons ont mérité le nom d'orties par la reffemblance qu'ils ont avec cette plante lorfqu'on les touche ; notre Salamandre pourroit être regardée comme le Titymale des Animaux. Lorfqu'on écrafe ou qu'on preffe la Salamandre, elle répand une fingulière & mauvaife odeur. Il s'en faut bien qu'elle ait l'agilité du Lézard. Elle eft pareffeufe & trifte : elle vit fous terre dans les lieux frais & humides, fur-tout au pied des vielles murailles, & ne fort de fon trou que dans les temps de pluyes, ou pour recevoir l'eau, ou crainte d'être noyée dans son trou, ou peut-être pour chercher les Insectes dont elle vit, qu'elle ne pourroit guères attraper qu'à demi noyés. La Salamandre, outre la propriété merveilleuse de vivre dans les flammes que les Anciens lui ont attribuée, est encore regardée & par eux & par la plupart des Naturalistes modernes, comme l'Animal le plus dangereux. Si nous en croyons *Pline*, elle fera périr toute une contrée. Les grandes pluyes du mois d'Octobre passé firent sortir plusieurs Salamandres qu'on m'apporta avec toutes les précautions qu'on peut prendre contre l'Animal le plus terrible. La première expérience que je fis, fut celle du prodige attribué à la Salamandre. Toute fabuleuse que paroît l'histoire de l'Animal incombustible, je voulus la vérifier, & quelque honte qu'ait le Physicien en faisant une expérience ridicule, c'est à ce prix qu'il doit acheter le droit de détruire des opinions consacrées par le rapport des Anciens. Je jettai donc plusieurs Salamandres au feu La plupart y périrent sur le champ : quelques-unes eurent la force d'en sortir à demi brûlées, mais elles ne purent résister à une seconde épreuve. Cependant il arrive quelque chose d'assez singulier lorsqu'on brûle la Salamandre. A peine est-elle sur le feu qu'elle paroît couverte de gouttes de ce lait dont nous avons parlé, qui se raréfiant à la chaleur ne peut plus être contenu dans ses petits réservoirs ; il s'échappe de tous côtés, mais en plus grande abondance sur la tête & aux mammelons qu'ailleurs, & se durcit sur le champ, quelquefois en forme de perles. Il y a quelque apparence que cet écoulement singulier a donné lieu à la fable de la Salamandre : cependant il s'en faut beaucoup que le lait dont nous parlons, forte en assez grande quantité pour éteindre le moindre feu : mais il y a eu des temps où il n'en falloit guères davantage pour faire un Animal incombustible. On pourra même encore, si l'on veut, croire que l'Animal dont les Anciens ont parlé n'est point celui-ci ; & là-dessus je m'en rapporte à l'envie que chacun peut avoir de justifier l'antiquité, ou de convenir qu'elle a quelquefois cru légèrement. Enfin en attendant qu'on trouve la véritable Salamandre, ceci sera une propriété de l'Animal qui porte son nom, qui mérite d'être observée,

& qui a même quelque rapport quoi-qu'éloigné, avec les prodiges des An-ciens.

Voici les expériences fur le venin de la Salamandre. Je me propofai deux chofes, 1°. de faire mordre quelque Animal par la Salamandre ; 2°. de faire manger la Salamandre à quelque Ani-mal. Mais ces expériences avoient un genre de difficulté que ceux qui redou-tent tant la Salamandre ne foupçonne-roient guéres ; il falloit trouver des Animaux qui vouluffent manger la Sa-lamandre ; ou des Salamandres qui vouluffent mordre. J'eus beau les irriter de mille manières, jamais aucune n'ou-vrit la gueule. Il fallut donc la leur ouvrir ; mais ayant vu leurs dents, quelle apparence qu'elles puffent bleffer l'Animal ! petites, ferrées & égales, elles couperoient plutôt que de percer fi la Salamandre en avoit la force, mais elle ne l'a pas. Il fallut donc chercher quelque Animal à peau affez fine pour fe laiffer entamer. J'ouvris la gueule d'une Salamandre, & lui fis mordre un Poulet déplumé à l'endroit de la morfure : mais quoique je preffaffe les mâchoires de la Salamandre, & que cette morfure fût beaucoup plus forte que la Salaman-

dre la plus vigoureuse ne pourroit la
faire, les dents se dérangèrent plutôt
que d'entamer le Poulet; enfin je lui
ôtai une partie de la peau de la cuisse,
& y fis faire plusieurs morsures. Pour
n'être plus obligé d'écorcher les Animaux que je ferois mordre, je pensai à
chercher quelque partie assez délicate
pour que les dents pussent pénétrer. Je
fis faire plusieurs morsures à la langue &
aux lèvres d'un chien, & à la langue
d'un coq d'Inde, par des Salamandres
nouvellement prises; aucun des Animaux mordus n'eut le moindre accident.
Quoique je scusse alors que les Animaux
dont la morsure est la plus venimeuse,
ne sont point nuisibles étant avalés, je
voyois que la morsure de la Salamandre
n'étoit rien; une espèce de déférence
pour la crainte qu'on a de cet Animal,
& le goût de la liqueur qu'il a sous la
peau, me portèrent à éprouver si comme
aliment il feroit nuisible. La peine étoit
d'en faire manger à quelques Animaux;
ils auroient plutôt souffert les plus longs
jeûnes que de goûter à l'Animal préservé
par le lait détestable, & la Salamandre
n'est pas de grosseur à la pouvoir faire
avaler par surprise. Je fis ouvrir la
gueule d'un chien, & ayant coupé une

Salamandre par morceaux, je les lui fis tous avaler, la plupart vivants encore, & lui tins la gueule liée pendant une demi-heure. Je fis en même temps avaler une petite Salamandre entière à un jeune coq d'Inde. Ces deux Animaux parurent toujours aussi gais qu'à leur ordinaire. Une demi-heure après que j'eus délié la gueule du chien, c'est-à-dire, une heure après qu'il eut avalé la Salamandre, il en revomit la queue & les pattes, les parties apparemment qu'il auroit eu le plus de peine à digérer. Pour le coq d'inde, on ne revit rien de la Salamandre qu'il avoit avalée. L'un & l'autre but & mangea à son ordinaire, & ne donna pas le moindre signe de maladie. Je voulus faire encore une expérience. Je trempai du pain dans le lait de la Salamandre, & en fis manger à un poulet ; je trempai dans le même lait de petits bâtons pointus, & les enfonçai dans des playes que j'avois faites à l'estomac & à la cuisse d'un autre poulet. Tout cela fut inutile, & la Salamandre me parut toujours aussi peu dangereuse. Je n'ignore pas qu'il y a encore des ressources pour ceux qui voudroient soutenir que la Salamande est nuisible ; peut-être ne l'est-elle que dans certains temps & dans de certaines circonſtances, peut-être ne l'eſt-elle que pour certains Animaux. Cependant il n'y a guères lieu de ſoupçonner tout cela, ni guères de moyens plus ſûrs ni plus pratiquables pour s'en éclaircir.

J'ajoûterai un fait qui me paroît digne de remarque. Ayant ouvert quelques Salamandres, je fus ſurpris de trouver dans la même tout à la fois, des œufs & des petits auſſi parfaits que ceux des vivipares. Les œufs formoient deux grappes ſemblables aux ovaires des oiſeaux, excepté que ces grappes étoient plus allongées ; & les petits étoient enfermés dans deux longs tuyaux, dont le tiſſu étoit ſi délié qu'on les voyoit très-diſtinctement à travers. Je comptai dans une Salamandre 42 petits, & dans une autre 54, preſque tous vivants, auſſi - bien formés, & plus agiles que les grandes Salamandres. Ces Animaux paroiſſent bien propres à éclaircir le myſtère de la Génération ; car quelque variété qu'il y ait dans la nature, le fond des choſes s'y paſſe aſſez de la même manière. On ſait aſſez quels avantages on retire de l'Anatomie comparée ; la connoiſſance parfaite d'un ſeul corps ne ſeroit peut-être le prix que de l'examen impoſſible de tous les corps de la Nature.

Malgré des témoignages ſi authenti-ques, un certain public croira toujours le venin de la Salamandre des plus redouta-bles : auſſi nous ne nous étonnons point d'entendre dire qu'une perſonne qui a été mordue d'une Salamandre auroit be-ſoin d'autant de Médecins que l'Animal a de taches ſur le corps , & que ſi ce Rep-tile avoit la faculté de l'ouïe , nul homme ne vivroit. Il y a des provinces où les enfans ſont bercés de l'idée que la Sala-mandre eſt autant ennemie de l'homme que le Crapaud en eſt ami. On raconte les combats ſinguliers qui ſe donnent entre ces deux Animaux , dont l'un s'ef-force de défendre l'homme contre les attaques de l'autre , & l'on aſſûre que le Crapaud remporte ordinairement la victoire, pourvu toutefois qu'il trouve à ſa portée du Plantin ou du Bouillon-blanc pour frotter les bleſſures qu'il a reçues. Mais en attendant que quelque Natura-liſte nous diſe avoir été temoin oculaire de ces ſortes de combats, nous ſommes en droit de les ranger au nombre des traditions erronées qui défigurent l'Hiſ-toire Naturelle.

La Salamandre , Salemandre ou Salmandre terrestre, ainsi dite du mot Grec & Latin *Salamandra*, s'appellent en Italien *Salamandra* ou *Salamandria* ; en Espagnol *Salamantegua* ; au pays des Grisons *Rosada* ; en Savoye & en Dauphiné, une *Pluvine* ; en Gascogne, en Poitou & en Limosin, un *Mirtil* ; en Languedoc & en Provence, *Blande*, *Alebrenne* ou *Arrassade* ; en Lyonnois, *Laverne* ; au Maine, un *Sourd* ; en Normandie un *Mouron* ou *Moron* ; en Allemand, *Maal Malen*, *Puntermaal*, *Molle*, *Moll*, *Mohl*, *Molch*, *Molck*, *Olm* ; ou *Salemander*, *Salamader*, de même qu'en Flamand & en Anglois. Le petit de la Salamandre se nomme en François *Salamandreau*.

La Salamandre Aquatique ; *Lacertus aquatilis*, Offic. Schrod. 343. *Salamandra Aquatica*, Rondel. *de Aquat.* 230. Dal. Pharm. 433. Charlet. Exer 28. Ray synop. Anim. Quad. 273. *Salamandra aquatilis*, Aldrov. *de Quad. Ovip.* 647. *Salamandra aquatica*, *aliis Lacertus aquaticus*, Jonst. *de Quad.* 137. *Lacertus aquaticus niger*, Merr. Pin. 169. *Lacerta aquatica major mas*, *sive verrucis albis adspersis*, *membranula serrata in dorso extante*, Pet. Mus. 18. n. III. *Lacerta pedibus inermibus fissis*, *manibus petradactylis, plantis pentadactylis, cauda ancipiti,* Linn. Faun. Suec 256. *Scincus aquaticus Quibusdam, Cordulus Bellonio.* Nonnull.

Cette espèce de Salamandre dont les Auteurs distinguent plusieurs variétés, a environ sept doigts de longueur ; le dessus du corps brun ou noirâtre, & le dessous jaunâtre semé de petits points bruns ou blanchâtres ; la peau dure, qui étant blessée répand une humeur laiteuse ; le museau mousse ; la tête applatie ; la gueule exactement fermée & qui ne mord point, à moins qu'on ne la lui fasse ouvrir de force ; la langue très-courte, un peu large ; les bords des mâchoires garnis de petites dents qui échapent presqu'à la vue, les pieds de devant divisés en quatre doigts, & ceux de derrière en cinq ; la queue plus grosse dans le milieu, applatie dessus & dessous, tranchante des deux côtés, dont la pointe est perpendiculaire ; les parties génitales un peu saillantes dans les deux séxes, selon M. *Linnæus*, qui ajoûte que le mâle a le dos & la queue dentelés, la gorge plus noire, & les pieds de derrière garnis latéralement d'un rebord membraneux.

La Salamandre aquatique est amphibie, mais elle vit plus dans l'eau que sur la terre ; elle aime les eaux limoneuses dont le limon est blanc, & cherche à se cacher sous les pierres s'il y en a ; rarement monte-t-elle à la surface de l'eau ; elle habite ordinairement dans les fossés des villes, dans les viviers, & dans les étangs ; elle se tient cachée dans des souterrains pendant l'hiver, & reparoît au printemps ; elle marche lentement & à pas de tortue ; elle a la vie très-dure. Son cri approche de celui de la Grenouille. *Matthiole & Gesner* blâment les Apoticaires qui la substituent au véritable Scinc. Suivant la remarque de *Derham*, le *lacerta aquatica* ou Lézard d'eau, tant qu'il est petit, a quatre nageoires très-bien faites, deux de chaque côté, sortant du corps un peu au-dessus des jambes de devant ; elles servent à tenir le corps droit & en équilibre, & cette situation fait ressembler le Lézard à un petit poisson. Quand ses jambes sont assez accrues, ses nageoires tombent.

Il y a des Naturalistes qui prétendent que la Salamandre aquatique ne diffère qu'accidentellement de la Salamandre terrestre, attendu que lorsqu'elle quitte l'eau, elle change non-seulement de couleur, mais aussi de figure, & que sa queüe de platte qu'elle étoit devient toute ronde : mais ils se trompent lourdement.

On trouve dans les *Mémoires de l'Académie Royale des Sciences , Année* 1729, *page* 135, un Mémoire de feu M. *Du Fay* , qui a pour titre : *Observations Physiques & Anatomiques sur plusieurs espéces de Salamandres qui se trouvent aux environs de Paris.* En voici un Extrait.

Depuis le Mémoire que M. *De Maupertuis* a lu à l'Académie , dit M. *Du Fay* , la Salamandre n'est plus cet Animal dangereux , de la morsure duquel on ne pouvoit guérir ; c'est l'Animal du monde le plus timide, le plus patient , & le plus incapable de mordre. Il ne vit plus dans les flammes, mais lorsqu'on l'approche du feu , ou simplement qu'on le touche un peu rudement , il contracte subitement sa peau, par les pores de laquelle il sort une liqueur blanche, visqueuse , capable seulement de noircir quelques charbons médiocrement allumés. M *Maupertuis* s'est particulièrement attaché aux Salamandres terrestres de Bretagne ; pour moi, je n'ai examiné que celles des environs de Paris , & sur-tout les aquatiques ; & l'entreprise étoit moins dangereuse ; car la plupart des

Auteurs qui ont écrit sur la Salamandre; assûrent que le venin de la Salamandre aquatique n'est pas aussi à craindre que celui de la terrestre. Il est assez difficile de statuer de combien d'espèces on trouve de ces Salamandres ; car le séxe & l'âge font de grandes variétés dans la même, & pendant presque toute l'année on en trouve de tous les âges. Cependant en ayant examiné avec soin plus de deux cens, prises en divers endroits & en différents temps de l'année, je crois pouvoir les réduire à trois espèces dans chacune desquelles le mâle est différent de la fémelle.

La première est celle que j'appellerai la *grosse Salamandre noire.* Elle est longue d'environ cinq pouces ; elle a, comme l'on sait la forme d'un Lézard, si ce n'est que le corps est plus gros, & que la queue est platte ; sa peau n'est point écailleuse comme celle du Lézard, mais remplie de petits tubercules & comme chagrinée ; elle est brune sur le dos, & jaune sous le ventre, toute parsemée de taches noires rondes d'environ une ligne de diamètre : ces taches sont peu apparentes sur le dos, mais très-distinctes sur le ventre à cause de son jaune orangé. Tout le long du corps de l'Animal, vers les côtés, & sur-

tout

tout proche de la tête, les petits grains
qui forment la tissure de la peau sont
blancs pour la plûpart. La tête est platte
& large comme celle de la Grenouille,
la gueule fort grande, les yeux assez gros
& saillants. On voit au-dessus de la
mâchoire supérieure deux très-petites ouvertures qui sont les narines. Les pattes
sont brunes par-dessus, & jaunes par-
dessous, parsemées de taches noires
comme le reste du corps : celles de devant
n'ont que quatre doigts, mais celles de
derrière en ont cinq. La queue qui est
environ longue comme la moitié du
corps, ressemble à celle du Têtard, si ce
n'est qu'elle est plus grosse & plus charnue. On ne peut pas facilement distinguer
le séxe par les parties extérieures de la
génération ; elles sont pareilles dans l'un
& l'autre, & à l'inspection on les jugeroit
toutes fémelles ; mais il y a dans d'autres
parties du corps deux marques très-sensi-
bles qui distinguent les mâles : la plupart
des Auteurs les ont prises pour des marques caractéristiques d'espèces différentes,
& cela en a multiplié le nombre beaucoup
plus qu'il ne doit l'être. Les mâles de
cette espèce ont sur le dos une peau large
de deux lignes ou environ, dentelée
comme une scie, qui prend son origine

vers le milieu de la tête entre les deux yeux, & se termine à l'extrémité de la queue : elle est plus étroite, & rarement dentelée le long de la queue : mais elle élargit tellement la queue, que les mâles paroissent l'avoir de moitié plus large que les fémelles. Cette membrane se retrécit considérablement, & devient presque à rien vers l'origine de la queue ; ce qui lui fait une espèce d'interruption, après laquelle elle redevient aussi élevée qu'elle l'étoit sur le dos. L'autre marque qui désigne les mâles, est une bande argentine qui est de chaque côté de la queue ; elle a environ trois lignes de largeur à l'origine de la queue, & va en diminuant jusqu'au bout.

La seconde espèce de Salamandre n'est différente de la première que par la grosseur ; elle est du reste presque entièrement semblable, & il y a dans celle-ci les mêmes différences qui caractérisent le mâle. Je l'appelle la *petite Salamandre noire.*

La troisième espèce est à peu près de la grosseur de la seconde, & les différences entre le mâle & la fémelle sont aussi considérables que dans les deux prémières.

Ces trois espèces sont assez différentes entr'elles pour qu'on ne puisse pas les confondre , ni même prendre le mâle pour la femelle ; mais il y a des variétés considérables , dont quelques-unes sont ordinaires à toutes les espèces , & dépendent de l'âge de l'Animal , & d'autres sont particulières à quelques Salamandres. La couleur des Salamandres en général est moins brune lorsqu'elles sont jeunes , & les taches sont mieux marquées , & même celles de la troisiéme espèce sont d'un jaune fort clair lorsqu'elles viennent de naître , & insensiblement elles brunissent un peu. Il leur arrive un changement si singulier , qu'il n'a encore été observé que dans un seul Animal qui est le Têtard. Je trouvai au Printemps de l'année dernière quelques petites Salamandres qui avoient vers l'endroit où sont les ouyes dans les Poissons , de petites houppes frangées qui se tenoient droites dans l'eau , & ressembloient à des oreilles assez longues : je n'en trouvai d'abord qu'à de petites Salamandres , mais quelque temps après j'en vis de longues d'environ trois pouces qui en avoient aussi. Je fus fort surpris de voir qu'elles avoient des ouyes comme les Poissons. On découvre deux paneaux très-minces qui s'appliquent exactement sur les ouyes lorsqu'elles sont hors de

l'eau, ensorte qu'on a peine à les appercevoir. Ces paneaux se ferment dans
la suite, & les ouyes se perdent insensiblement.

Il arrive à toutes les Salamandres qui
sont dans l'eau, de quelque âge & de
quelque espèce qu'elles soient, une chose
que je crois particulière à ce seul Animal;
elles changent de peau pendant le Printemps, & l'Eté tous les quatre ou cinq
jours au moins; elles s'aident des pattes
& de la gueule pour s'en dépouiller, &
l'on trouve quelquefois ces peaux entières
nageantes dans l'eau; l'Hyver elles n'en
changent qu'environ tous les quinze
jours. Cette peau est très-mince. J'ai vu
arriver un accident à quelques-unes à l'occasion de ce changement de peau; il leur
restoit à l'une des pattes une portion de
cette peau qu'elles ne pouvoient dépouiller entièrement, & qui se corrompoit,
& leur pourrissoit la patte; en sorte
qu'elle leur tomboit en entier : elles n'en
mouroient pas pour cela, & j'en ai conservé très-long-temps après cette perte;
elles perdent bien plus ordinairement de
la même façon quelqu'un de leurs doigts,
& ces sortes d'accidens leur arrivent plus
souvent aux pattes de devant qu'à celles
de derrière.

J'ai vu quatre ou cinq fois sortir du corps de quelques-uns de ces Animaux par l'anus, un corps rond d'environ une ligne de diamètre, & long à peu près comme le corps de la Salamandre; elles étoient un jour entier à s'en délivrer tout à fait, quoiqu'elles fissent souvent des efforts pour le tirer avec les pattes & avec la gueule. J'ai pris un de ces corps que j'ai lavé; il étoit rempli d'une eau bourbeuse que j'ai fait sortir par un trou que j'ai été obligé de faire à la membrane qui la contenoit. Je n'ai pas pu découvrir ce que c'étoit que ce corps, ni quel étoit son usage, n'ayant fait cette observation que quatre ou cinq fois seulement, & les Salamandres s'étant très - bien portées devant & après cette évacuation; j'ai seulement conjecturé que ce pouvoit être le depouillement de quelque membrane intérieure qui ne se fait que très-rarement.

Elles font leurs œufs dans les mois d'Avril & de Mai. Il y en a ordinairement une vingtaine qui forment deux colonnes jointes ensemble & semblables à deux filets de grains de chapelet. Cet assemblage est formé par une matière visqueuse assez solide qui paroît contenue dans une membrane déliée, car elle ne s'attache point aux doigts. Elles se délivrent de leurs œufs de la même manière qu'elles font du corps dont je viens de parler, & à mesure qu'ils sortent ils demeurent collés au-dessous de la queue. Je n'ai vu sortir les œufs de cette manière qu'aux Salamandres de la troisième espèce, & j'ai remarqué que les autres les font différemment ; car dans les vaisseaux où j'en ai conservé, j'ai souvent trouvé des œufs séparés les uns des autres, & dont la forme est si regulièrement arrondie, qu'ils paroissent n'avoir jamais été joints. Je n'ai jamais vu éclorre aucun de ces œufs, quoique j'en aye mis dans différentes eaux, à divers degrés de chaleur, & même sur la terre : je n'en ai jamais trouvé non plus qui ne fissent que d'éclorre ; elles sont sans doute si petites alors, qu'elles échappent aux filets & même à la vue. Je n'en ai point vu faire ses petits vivants, ce que *Wurffbainius* dit avoir vu, & que M. *de Maupertuis* a aussi remarqué, ayant trouvé des petits tout formés dans une Salamandre terrestre qu'il a disséquée : il est vrai que la même avoit aussi des œufs adhérants à l'ovaire, ce qui fait qu'on peut regarder cet Animal comme ovipare & vivipare. On pourroit présumer que les terreftres feroient vivipares , & les aquatiques ovipares : mais s'il eft vrai qu'il y en a qu'on ne peut ranger dans une de ces claffes à l'exclufion de l'autre , telles que font toutes celles qui m'ont paffé par les mains , qui font réellement amphibies , ne feroit-il pas permis de conjecturer que dans l'eau elles font ovipares , & que fur terre elles font leurs petits vivants ? fi la conjecture eft hardie , ne le feroit-il pas encore plus d'affûrer que cela ne peut pas être ? Quoi qu'il en foit , l'ex-périence pourra nous en inftruire quel-que jour , & confirmer une idée que je ne donne que comme la plus légère conjecture.

Lorfqu'elles font dans l'eau , elles viennent fouvent à la furface pour refpi-rer ; elles expirent auffi fouvent l'air du fond de l'eau , & quelquefois elles accompagnent cette expiration d'un petit cri. Il y a peu d'Animaux auffi fobres que la Salamandre ; j'en ai con-fervé plus de fix mois fans manger , parceque je ne favois abfolument que leur donner. Je leur ai vu manger quel-ques mouches à demi mortes , qu'elles ont bien de la peine à mâcher ; encore n'y en avoit-il que quelques - unes qui

en voulussent : j'en ai vu manger cinq
de suite à la même , mais elles s'en
passoient à merveilles lorsque je ne leur
en donnois point. Je leur ai donné du
fray de Grenouille , qu'elles aiment
assez : ce n'étoit pas du fray de Grenouille ordinaire , mais de celui qui se
trouve en espèce de longs filets dont les
grains sont fort noirs & petits , & la
liqueur visqueuse qui les entoure est
extrêmement transparente. C'est de ce
fray que naissent de petits Têtards noirs
auxquels je vis l'année dernière venir
les pattes, quoiqu'ils ne fussent pas plus
gros que des lentilles : elles mangent
de ce fray , mais sans avidité ; elles
mangent aussi quelquefois de la plante
appellée *Lenticula Aquatica.*

    Le grand froid qu'il a fait cet hyver ,
m'a donné lieu de faire une observation
à laquelle je ne me serois pas attendu.
Le 6 Janvier , dix-huit grosses Salamandres que j'avois dans l'eau depuis deux
mois , gelèrent pendant la nuit : je les
trouvai presque toutes engagées dans la
glace & sans mouvement ; je rompis la
glace, & j'approchai du feu le vaisseau
où elles étoient , elles commencèrent à
remuer un peu , & devinrent au bout
d'une demi-heure aussi vives qu'elles

étoient auparavant. Parmi celles-là il y
en avoit une qui depuis qu'on l'avoit
pêchée, avoit une playe au-dessous de
la patte de devant, par laquelle il
sortoit d'abord un lobe des sacs grais-
seux ; ce lobe se détacha peu à peu, la
plaie s'aggrandit, & une partie des
intestins en sortoit lorsqu'elle fut gelée
comme les autres ; elle n'en a pas été
plus incommodée pour cela, & a encore
vêcu un mois depuis. J'ai remarqué
qu'à mesure que l'eau se dégeloit, elles
expiroient toutes beaucoup plus d'air
qu'à l'ordinaire ; elles avoient apparemment rempli leurs sacs pulmonaires le
plus qu'elles avoient pu lorsque l'eau
avoit commencé à se geler. Voulant
voir ensuite ce qui arriveroit en poussant
l'expérience plus loin, j'en mis une seule
dans un vase rempli d'eau que j'exposai
à la gelée ; elle demeura trente-six heures dans la glace, ensorte que s'étant
retirée dans le milieu, elle en avoit
environ l'épaisseur de deux pouces tout
autour d'elle : on remarquoit seulement
dans l'espace qui l'environnoit, un peu
d'eau qui pouvoit occuper à peu près la
place d'une petite Fève, & une petite
bulle d'air des trois quarts moins grosse.
Je coupai la glace par le milieu, & je

trouvai qu'elle s'étoit conservé un espace de la grosseur d'un petit œuf dans lequel elle étoit toute pliée, & qu'il y avoit un Canal de la grosseur d'un crin de Cheval qui communiquoit à l'air extérieur en traversant la glace & venant aboutir à la surface supérieure : la Salamandre étoit très - engourdie, & ne pouvoit se déplier ; je la mis dans l'eau froide où elle s'étendit peu à peu, & au bout d'une heure elle étoit aussi vive que les autres. Tant d'Auteurs qui ont écrit que la Salamandre vit dans le feu, seroient bien surpris de voir que non-seulement le fait qu'ils ont avancé est faux, mais qu'au - contraire elle vit réellement assez long - temps dans la glace ; je dis assez long-temps, car elles n'y vivent pas toujours, & la longue durée de la gelée me fournissoit une trop belle occasion de pousser l'expérience jusqu'où elle pouvoit aller pour ne pas en profiter. J'en mis une autre dans un pareil vaisseaux pendant sept jours & sept nuits, exposée à la plus forte gelée ; mais l'eau gela si bien, qu'il ne resta aucun espace autour de la Salamandre, ni de communication avec l'air extérieur, & je la trouvai morte : je crois cependant que ce n'est pas le temps qu'elle demeura dans la glace qui la fit mourir, car j'ai appris depuis de plusieurs personnes qu'on avoit trouvé en Eté des Grénouilles dans des morceaux de glace qui avoient été conservés dans les glacières ; ainsi il y a apparence que la Salamandre y auroit vêcu de même ; mais le froid augmentant toujours, l'eau se gela toute entière, la communication avec l'air extérieur se ferma, & la glace se dilatant de plus en plus, la Salamandre fut plutôt écrasée & étouffée qu'elle ne mourut de froid.

Quoiqu'elles ayent la vie très-dure, il y a une façon de les faire mourir en très-peu de temps ; elle est rapportée dans *Wurffbainius*, & j'ai expérimenté qu'elle étoit vraie. J'ai jetté sur une des plus grosses Salamandres du sel en poudre ; elle a d'abord tâché de se sauver, mais ne le pouvant pas elle a fait divers mouvemens à droite & à gauche, & a exprimé par toutes les parties de son corps & sur-tout le long de la queue, de ce suc laiteux qui leur couvre tout le corps lorsqu'elles ont peur, ou qu'elles souffrent ; ses mouvemens ont redoublé, peu après elle s'est roulée pendant environ une minute sur le dos & sur le ventre, & enfin est demeurée sans mouvement & sans vie environ trois minutes après que j'ai eu mis le sel.

K vj

Nous allons présentement passer à l'examen anatomique des parties intérieures de la Salamandre. Je ne prétends pas faire un détail exact de toutes ses parties ; mais je rapporterai seulement ce qui m'a paru singulier & différent de ce que la plupart des Auteurs ont écrit de ces sortes d'Animaux. On peut regarder comme épiderme la pellicule dont elles se dépouillent tous les quatre ou cinq jours. Si l'on dissèque la Salamandre lorsqu'elle vient de s'en depouiller, il est impossible d'en détacher une autre ; mais si elle est prête à la quitter, elle s'enléve très-facilement. Cette peau étant vue au microscope paroît n'être qu'un tissu de très-petites écailles, ou plutôt l'enveloppe des mammelons du cuir ; au-dessous de cette peau on trouve le cuir qui est tout parsemé de petits grains comme du chagrin ; il est assez solide, & on le détache des muscles auxquels il est adhérant par des fibres lâches. Il y a au bas-ventre trois muscles très-distincts, l'un droit, avec des digitations, couvre la région antérieure, & les deux autres obliques en sens contraire font les parties latérales. Ayant détaché ces muscles, on trouve le Péritoine qui est tout parsémé de points noirs. Il est adhérant au foye par un petit ligament qui defcend en ligne droite tout le long du foye. Le Péricarde femble être formé par une continuité du Peritoine. Le cœur eſt au-deſſus du foye, & appliqué immédiatement fur l'œſophage. Le foye eſt très-grand, & féparé en deux lobes; fous le lobe droit eſt la véſicule du fiel qui n'eſt attachée que par fon canal; elle eſt tranſparente & remplie d'une liqueur verdâtre. Au-deſſous du foye on voit quelques replis des inteſtins, les facs graiſſeux qui font d'un jaune orangé, & les ovaires dans les fémelles. Dans l'hypogaſtre on trouve la veſſie qui eſt adhérante au Péritoine par un petit vaiſſeau qui pourroit bien être l'Ouraque : fi on la fouffle par l'anus ou le canal commun, on voit qu'elle eſt en forme de cœur. Il y a auſſi aux deux côtés du foye & le long des facs graiſſeux, deux eſpèces de veſſies remplies d'air, très-minces, longues, & finiſſant en pointe.

Le foye étant ôté & les inteſtins détachés depuis l'œſophage juſques fous la veſſie, il fera facile d'arracher les facs graiſſeux qui font communs au mâle & à la fémelle ; on verra qu'ils font féparés en pluſieurs lobes & entourés d'une membrane très-deliée, parfemée de vaiſſeaux fanguins qui les attachent aux ovaires & aux trompes dans les fémelles, & aux enveloppes des testicules & du canal déférant dans les mâles. D'abord nous remarquerons dans le mâle, qu'il y a le long de l'épine deux petits tuyaux blancs que j'appelle *Canaux déférants*, qui font plusieurs plis & replis, & qui aboutissent vers l'anus à l'extrémité d'un petit faisceau de filets blancs qu'on peut regarder comme les vésicules séminales. J'ai trouvé beaucoup de variété dans les testicules de cet Animal ; le plus souvent il n'y en a que deux qui font d'un blanc-jaunâtre, de la forme d'une petite féve, assez longs ; quelquefois on en trouve distinctement quatre, dont les deux inférieurs font plus petits que les supérieurs. On trouve encore dans le mâles deux corps charnus plats qui font arrondis par leur partie supérieure, & se terminent en pointe au col de la vessie. A l'extrémité de l'insertion commune du *Rectum*, de la vessie & des canaux déférants, est un corps cartilagineux, long d'environ deux lignes, en forme de mitre dont la pointe est en haut ; & selon toutes les apparences ce corps tient lieu de verge dans cet Animal ; car il est vraisemblable que la Salamandre s'accouple réellement, quoique je ne l'aye jamais vu ; & ce qui doit

déterminer en faveur de l'accouplement,
c'est que les Salamandres font vivipares.
Wurffbainius rapporte qu'il en a vû une
faire trente - quatre petits tous vivants,
& M. *de Maupertuis* m'en a donné une
dans laquelle on voit plusieurs petits très-
bien formés dans une des trompes. Si l'on
vouloit faire une distinction, & dire que
les terrestres font vivipares, & par conséquent se doivent accoupler, mais que les
aquatiques font ovipares & frayent seulement à la manière des Poissons, je
répondrois que les organes paroissent les
mêmes dans les unes & dans les autres, &
qu'ainsi il y a apparence que la génération se doit faire de la même manière.

On trouve dans la fémelle des différences très-fensibles, & les organes plus dif-
tincts. En ouvrant la capacité du ventre,
on découvre les Ovaires & les facs graif-
feux. Lorsqu'on a enlevé ces facs graif-
feux, on voit que les Ovaires font composés de plusieurs lobes renfermés par
une même membrane qui est toute parfemée de vaisseaux sanguins. Les œufs ne
font point flottants dans la capacité de
l'Ovaire, mais ils y adhérent intérieurement : il y a apparence que ces œufs se
détachent & tombent dans la capacité de

l'Ovaire pour paſſer de là dans la trompe. Après les Ovaires, on découvre les trompes qui ſont longues à peu près comme tout le corps de l'Animal, y compris la tête & la queue ; elles prennent depuis le col, & faiſant pluſieurs plis & replis elles ſe terminent à l'anus. M. *Duverney* a fait voir qu'elles avoient à leur extrémité ſupérieure une eſpèce d'ouverture ou de pavillon par lequel entrent les œufs. Lorſque les œufs ſont entrés dans les trompes, ils acquièrent beaucoup plus de groſſeur qu'ils n'en avoient dans l'Ovaire, & lorſqu'ils ſont arrivés à l'extrémité inférieure, ils ſortent par le canal commun. Une remarque qui m'a paru ſingulière, c'eſt que dans les Salamandres que j'ai appellées de la prémière & de la ſeconde eſpéce, les œufs ſont détachés les uns des autres, & que dans celles de la troiſième ils ſont joints en forme de chapelet ; ce qui établit entre les deux premières eſpèces & la troiſième une différence très-marquée. Les trompes ſont remplies dans toute leur longueur d'une liqueur épaiſſe, trouble, jaunâtre ; & comme elle eſt en aſſez grande quantité, & qu'elle ne ſort point par le canal commun, je croirois aſſez aiſément que c'eſt ce qui forme la matière viſqueuſe qui entoure les œufs ; & que c'eſt ce qui ſert de premier aliment au petit germe qui vient d'éclorre. L'extrémité des Trompes eſt plus brune que le reſte, & elles ſe terminent avec le *Rectum* & le col de la veſſie dans un gros muſcle, auquel eſt auſſi attachée l'extrémité des reins qui ſont longs d'environ ſix lignes, & adhérent aux Trompes dans preſque toute leur longueur ; de ſorte qu'en enlevant ce muſcle, on enléve en même temps les reins, les Trompes, l'inteſtin & la veſſie. Il n'y a point de matrice dans cet Animal ; ce ſont les Trompes qui en ſervent, puiſqu'on y trouve quelquefois des petits tout formés.

Telle eſt la ſubſtance du Mémoire de M. *du Fay.* Voyons maintenant les *Obſervations* de M. *Demours*, Médecin de Paris, *ſur la fécondation de la Salamandre.*

Je me ſuis attaché ſur-tout, dit ce curieux Obſervateur, à découvrir l'accouplement de la Salamandre juſqu'alors ignoré. J'avouerai ſans honte que j'ai épié ces Animaux pendant environ deux ans ſans avoir pu appercevoir tout ce qui ſe paſſoit entr'eux. Je les ai vu très-ſouvent s'approcher, ſe pourſuivre, & badiner enſemble. Quoique le badinage qui ſe paſſe entre des Animaux de différent sèxe doive toujours paroître suspect, prévenu cependant qu'il ne suffisoit pas pour la fécondation de la fémelle, je ne le regardois que comme le prélude de leur accouplement, & j'étois toujours surpris de les voir se séparer sans en venir aux prises. Ayant vu néanmoins un très-grand nombre de fois la même chose, & toujours avec les mêmes circonstances, & convaincu d'ailleurs par la dissection que le mâle de la Salamandre n'avoit point de partie pour s'accoupler comme la plupart des autres Animaux, je cherchai à m'assûrer si la fémelle après cette action étoit fécondée. Je la mis à part dans une cuvette de fayance, où elle pondit effectivement du fray dont les Embryons subirent divers changemens avant que de prendre la forme de Salamandre. Persuadé par-là qu'il n'y avoit pas de véritable accouplement entre la Salamandre mâle & la Salamandre fémelle, je m'opiniâtrai à découvrir tout ce qui se passoit entre ces Animaux. Je n'en vins à bout qu'après bien des poursuites, & à la faveur de certaines circonstances dont je rendrai compte ci-après.

Avant que d'entrer dans aucun détail à ce sujet, je crois devoir avertir que je

ne parle ici que de cette espèce de Salamandre que l'on trouve communément
autour de Paris dans les baſſins des Jardins négligés & dans les marres de la
campagne , & non de cette espèce de
Salamandre de terre qui ſe trouve en
Normandie & en Bretagne, qu'on appel-
loit anciennement *Pluvine* , ou *Laverne* ,
& qu'on appelle plus communément
aujourd'hui le *Sourd* , ou *le Mouron*.
L'eſpèce de Salamandre dont l'accouplement fait le ſujet de cette Obſervation ,
eſt un Animal à quatre pieds qui paſſe
l'Hyver dans la terre , & l'Eté dans les
endroits humides ou dans l'eau , d'où il
ſort aſſez ſouvent , ſur-tout dans la nuit
& dans les temps de pluye pour aller
chercher ſa nourriture. La plûpart des
Auteurs comparent la Salamandre à un
Lézard ; mais elle en diffère par la tête
qui eſt plus arrondie & plus platte ; par
les yeux qui ſont plus ſaillants ; par la
peau qui eſt chagrinée ; par la queue
qui eſt applatie & propre à lui ſervir de
nageoire , & par le peu de diſpoſition
qu'elle a à ſe mouvoir. La propriété
fabuleuſe que les Anciens avoient attribuée à la Salamandre de vivre dans le
feu , & ſon prétendu poiſon , ont excité
la curioſité de pluſieurs Naturaliſtes ,

dont je pourrois citer ici un nombre aſſez conſidérable. Mais aucun d'eux n'a parlé de ſon accouplement. On ſait bien en général que la Salamandre pond des œufs ſemblables au fray de la Grenouille, cependanr perſonne n'avoit vu comment ces œufs étoient fécondés par la ſemence du mâle. La choſe n'eſt pas facile, & j'ai obſervé ces Animaux pendant long-temps ſans avoir pu appercevoir tout ce qui ſe paſſoit entr'eux ; ce n'eſt même qu'à la faveur de certaines circonſtances que j'ai enfin découvert ce qui m'avoit déjà coûté deux ans de peines & de pourſuites : circonſtances qu'il eſt néceſſaire de rapporter ici bien moins pour faire valoir mon travail par l'expoſé des difficultés qui en ſont inſéparables, que pour indiquer à ceux qui dans la ſuite voudront s'en convaincre par eux-mêmes, les moyens par leſquels j'y ſuis parvenu.

Les premiers jours d'Avril de l'année 1731, vers les quatre heures du matin, je m'approchai du grand baſſin du Jardin du Roy, où j'occupois alors pour M. *Noguez* abſent la place du Démonſtrateur & Garde du Cabinet d'Hiſtoire Naturelle. Je trouvai l'eau du baſſin très claire. Un petit vent de nord qui avoit regné pendant la nuit, en avoir balayé la furface, & avoit jetté au côté oppofé toutes les ordures. J'avois déjà rodé affez long - temps autour de ce baffin, lorfque j'apperçus deux de ces Animaux qui fe pourfuivoient. Je ne les perdis pas de vûe, perfuadé de leur deffein. Tout ce que je craignois, étoit qu'ils ne s'arrêtaffent dans cet endroit plein d'ordures : mais je fus plus heureux ; car après s'être pourfuivis environ un quart d'heure, ils s'arrêtèrent felon mes fouhaits dans un endroit où l'eau étoit très - claire, & qui étoit pour lors le plus éclairé du Soleil. Je me couchai fans bruit le ventre contre le gazon, & c'eft dans cette fituation & à la faveur de toutes ces circonftances que j'apperçus enfin au fond de l'eau ce qui fait le fujet de cette Obfervation.

Le Printemps eft la Saifon que ces Animaux choififfent ordinairement pour travailler à la propagation de leur efpèce. Le mâle alors cherche avec empreffement la femelle, & la careffe d'une manière qu'il feroit difficile de bien décrire. Enfuite il lui barre fon chemin, & fa crête relevée il fe foutient fur deux pattes d'un même côté feulement, courbe fon corps en relevant le dos, &

forme ainsi une espèce d'arcade, sous laquelle la fémelle passe & continue son chemin. Le mâle se remet, & les yeux tournés du côté de la fémelle il court dessus dès qu'elle s'arrête, vient la regarder fixement de très-près, & reprend la même posture qu'auparavant, ce qu'ils repétent plusieurs fois de suite. Tout cela ne sert que de prélude ; car il ne s'y passe rien qui puisse procurer la fécondation de la fémelle. Ce manége fini, la fémelle reste sur la vase, & le mâle se tient au-dessus & à côté, à un pouce environ de distance d'elle & de la vase. Il commence par ouvrir l'Anus, lequel est formé par deux lèvres qui dans l'état ordinaire sont exactement appliquées l'une contre l'autre, & garnis d'un pavillon charnu, replié en-dedans, & dentelé dans son bord. Ce pavillon se développe & se dilate pour lors extraordinairement ; il forme en se dilatant une ouverture ronde autant que j'en ai pu juger, & telle que la liqueur séminale peut sortir sans trouver d'obstacle. Ensuite il comprime avec force la région des Testicules, c'est-à-dire, les parties supérieures & moyennes du bas-ventre, en sorte que la plupart des viscères repoussés dans la partie inférieure, y forment une grosseur qui est environ double des régions compri- mées. Sa crête flottant nonchalamment, il frappe de temps en temps la fémelle de sa queue, & se renverse même sur elle : mais se remetrant presqu'au même instant à la distance que je viens de mar- quer, il fait une compression plus forte qu'à l'ordinaire, & c'est dans ce moment que j'ai vu le mâle éjaculer sa liqueur séminale, laquelle poussée avec force & sortant d'un seul jet en assez grande quantité se mêle avec l'eau, lui com- munique une petite couleur blanchâtre, & se répand sur les flancs de la fémelle qui est alors immobile. Le mâle après cela resta quelque temps sans faire d'autre mouvement que celui de ses pattes, nécessaire pour se soutenir à la distance marquée : mais se réveillant un peu après & rappellant toutes ses forces, il recommença ses caresses qui furent suivies d'une seconde éjaculation sem- blable à la première ; après quoi ils se séparèrent.

Cette Observation faite avec toute l'attention possible suffit déjà pour faire voir que le fray de la Salamandre n'est pas fécondé comme celui de la Gre- nouille ; car le mâle de la Grenouille

qui eſt monté ſur le dos de la fémelle
& qui l'embraſſe étroitement pendant
environ quarante jours, éjacule ſa ſemence ſur le fray même à meſure qu'il
ſort des receptacles de la fémelle, ainſi
que l'ont obſervé les célèbres *Swammerdam* & *du Verney*, au lieu que le fray
de la Salamandre ſe trouve fécondé dans
la fémelle même ſans aucune approche
ni contact immédiat.

Je n'en reſtai pas là. Je cherchai l'occaſion de revoir la même choſe en d'autres temps, afin de pouvoir m'aſſûrer
de la vérité de cette Obſervation. Quoiqu'on ne ſoit pas toujours aſſez heureux
pour ſatisfaire ſa curioſité quand on le
voudroit, on en trouve enfin l'occaſion
ſi l'on s'opiniâtre à la chercher, ſur-tout
quand on ſait choiſir les heures les plus
convenables à ces Animaux. Je les ai
vus encore plus d'une fois en venir aux
priſes, quelquefois à la vérité d'une
manière moins ſatisfaiſante pour moi,
ſoit parceque l'eau n'étoit pas toujours
auſſi claire, ſoit parce qu'ils ne ſe pla-
çoient pas dans un endroit bien éclairé,
mais d'ailleurs avec les mêmes circonſtances. On obſervera que la fémelle
avoit la bouche fermée, & que l'Anus
ne m'a pas paru ouvert : circonſtances
qu'il

qu'il est nécessaire de rapporter, parce qu'on pourroit croire que la semence du mâle mêlée avec l'eau auroit pu s'introduire dans le corps de la fémelle par l'une ou l'autre de ces ouvertures.

Seroit - il permis de conjecturer de cette Observation que l'esprit séminal passant à travers les pores de la peau de la fémelle, porte la vie & le mouvement aux Embryons contenus dans le bas-ventre ?

La Salamandre aquatique, dite autrement *Petite Salamandre*, *Salamandre d'eau*, *Lézard d'eau* ou *aquatique*, se nomme en Italien *Marasandola* ; en Allemand *Wasser-Molch* ; en Flamand *Water-Salamander* ; en Anglois *Water Eft* ; en Suédois *Skrot* ou *Skratt-abborre* ; en plusieurs Provinces de France un *That*, jadis *Thassot* ou *Tassot* ; en Orléanois une *Grenazelle*.

Les Salamandres contiennent beaucoup de sel volatil caustique, d'huile, & de phlegme. Les Anciens avoient cru que ces Animaux étoient venimeux, qu'ils jettoient en mordant une bave laiteuse, âcre & virulente qui étoit un vrai poison, & que même on ne pouvoit guères les toucher sans se faire mal aux doigts, comme nous l'avons déjà dit :

Tome II. Partie II. L

mais aujourd'hui tout ceci se trouve faux, & l'Histoire Naturelle éclaircie & appuyée sur des expériences faites avec soin, rejette tous les jours des opinions que l'Antiquité avoit comme consacrées. En effet, nous avons touché à différentes fois & en différents temps plusieurs espèces de Salamandres tant terrestres qu'aquatiques, sans qu'il nous en soit jamais arrivé aucun accident, & jamais il n'est venu à notre connoissance que des gens de campagne aient souffert de leur morsure : bien plus, on en peut manger impunément, & le Docteur *Therphile Berlingius* rapporte dans les *Ephémérides d'Allemagne, Décurie* 1*er.* *Année* 2*e.*, qu'une femme embarrassée de son mari, & voulant l'empoisonner lui fit manger une Salamandre qu'elle mêla dans un ragoût ; mais qu'il n'en souffrit en aucune manière. *Borrellus* assûre aussi dans la 23*e.* *Observation* de sa 1*er.* *Centurie*, avoir connu une fille qui avoit rejetté par le vomissement deux petits Animaux semblables en tout à des Salamandres ; ce qui ne nous étonne point, puisqu'on a nombre d'Observations de vomissement dans lesquels on a rendu de petits Animaux vivants, comme des

Grenouilles , des Poiſſons & autres , qui étoient ſelon les apparences dans l'eau dont ces perſonnes avoient bu , & qui s'étant conſervés en vie quelque temps dans l'eſtomac y avoient pris de l'accroiſſement juſqu'à ce que ce viſcère s'en trouvant incommodé s'en étoit dé-barraſſé par le vomiſſement. Tout ceci prouve au moins que les Salamandres ne ſont pas auſſi venimeuſes qu'on le croyoit anciennement , & que peut-être elles ne le ſont point du tout.

Quant à leur uſage en Médecine , il eſt ſeulement extérieur. On calcine les Salamandres , & leur cendre répandue ſur les écrouelles ulcérées les déterge fort bien , & en facilite la cicatrice. Quelques-uns les font auſſi entrer dans les dépilatoires.

TESTUDO.

Tortue.

ON diſtingue principalement trois ſortes de Tortues qui ſont d'uſage en Médecine ; ſavoir, 1°. la Tortue de terre ; 2°. la Tortue de mer 3°. la Tortue d'eau douce.

La Tortue de terre ; *Teſtudo terreſtris ;* Offic. Schrod. 333. Ind. Med. 116. Dal. Pharm. 433. Geſn. *de Quad. Ovip.* 107. Bellon. *de Aquat.* 52. Aldrov. *de Quad. Ovip.* 705. Jonſt. *de Quad.* 144. Charlet. Exer. 30. *Teſtudo terreſtris vulgaris,* Raij Synop. *Anim. Quad.* 243. *Teſtudo terreſtris variegata noſtras ; Teſtudo terrena communis ; Teſtudo montana, ſylveſtris, Campeſtris ſeu nemoralis,* Quorumd.

La Tortue de terre ou terreſtre, autrement dite Tortue de bois ou de montagne, eſt un Animal fort laid & horrible à voir, qui reſſemble au Serpent par la tête, & au Lézard par la queue & par les pattes. Elle eſt couverte d'un écaille ample, ſolide, voutée, faite en écuſſon, & marbrée de diverſes couleurs obſcures ; elle a le dos bigarré de taches jaunes & noires ; point de paupières ſupérieures, ni de trou auditif, ni de dents aux deux mâchoires qui ne laiſſent pourtant pas d'être aiguës & coupantes preſque comme un couteau ; les muſcles crotaphites couchés poſtérieurement ſur le crâne, aſſez amples, & inſérés par un très-fort tendon à la mâchoire inférieure ; le gozier vaſte & ſuſceptible d'une dilata-

tion considérable comme dans la vipère ;
la trachée - artère égale par - tout sans
apparence de larynx , partagée en deux
avant d'entrer dans le poumon , terminée sous la langue par une très-petite
fente ; le canal intestinal contenu depuis
la bouche jusqu'à l'anus , sans aucune
cavité plus grande pour l'estomac ; le
foye divisé en deux lobes comme dans
les Oiseaux , de couleur rouge-noirâtre ;
la vésicule du fiel pleine d'une bile très-
verte qui teint le papier d'une jolie
couleur ; plusieurs œufs ronds , jaunâtres,
tachetés de rouge , contenus dans l'ovaire.
La fémelle est ordinairement plus pésante que le mâle , dont elle diffère
encore en ce qu'elle a son écaille inférieure platte , au lieu que le mâle a la
sienne concave dans le milieu. Le mâle
monte sur la fémelle dans l'accouplement. La fémelle pond des œufs plus
petits & plus oblongs que des œufs de
Poule , du reste semblables à ceux des
Oiseaux en ce qu'ils ont en-dedans du
blanc & du jaune ; elle ne les couve
point , mais les couvre de feuillages &
de terre : c'est la chaleur du Soleil qui
les fait éclorre. Cette sorte de Tortue
se trouve sur les montagnes , dans les
forêts , dans les bois , dans les champs ,

& dans les Jardins ; elle vit de fruits, d'herbes, & de ce qu'elle peut trouver sur la terre ; elle mange aussi des Vers, des Limaçons, & d'autres Insectes. On la pourroit nourrir à la maison avec du son & de la farine. Elle marche fort lentement, & la lenteur de sa marche a passé en proverbe ; elle se cache en Hyver dans les cavernes, & y passe même quelquefois toute cette saison sans manger, comme font les Serpens, les Lézards, & plusieurs autres Animaux ; elle a la vie très-dure, & vit fort long-temps ; elle n'aime point l'eau, & n'est point Amphibie. Selon les voyageurs, elle se trouve en abondance dans les déserts d'Afrique, notamment dans la Libye ; & dans les Indes on en sert fréquemment sur les tables : aussi *Belon* observe-t-il que de toutes les espèces de Tortues il n'y en a point qui ait la chair si délicate ni si saine, mais que les Grecs & les Turcs n'osent en user à cause de la défense faite par leur loi. Le même Auteur nous apprend qu'on trouve beaucoup de Tortues terrestres non-seulement en Thrace & en Macédoine, mais même en Languedoc. Elles ne changent point d'écaille, & cette écaille est si ferme qu'un carrosse pourroit passer par-dessus sans l'enfoncer. Suivant la pensée de *Derham*, on voit dans la simplicité même du Squelette de la Tortue briller un grand art & une adresse étonnante ; car outre que l'écaille sert comme d'un rampart impénétrable au corps de l'Animal, & fournit une retraite sûre à sa tête, à ses pattes & à sa queue qu'il retire au-dedans à l'approche du moindre danger, elle supplée encore au défaut des os du corps, si vous en exceptez ceux des extrémités, de la tête, du col, des quatre pattes & de la queue : ensorte qu'on en est surpris à la première inspection de voir un Squelette entier composé d'un si petit nombre d'os, qui ne laissent pas de répondre suffisamment à tous les différents usages dont ils peuvent être à la Tortue.

Messieurs les Académiciens de Paris dans leurs *Mémoires pour servir à l'Histoire Naturelle des Animaux*, nous ont donné la *Description Anatomique d'une Grande Tortue des Indes*, dont voici un extrait.

Cette Tortue apportée des Indes, fut prise aux côtes de Coromandel. Elle avoit quatre pieds & demi de long , depuis l'extrémité du museau jusqu'à l'extrémité de la queue, & quatorze pouces d'épaisseur. L'écaille avoit trois pieds de long sur deux de large. Quelque grande que soit cette Tortue, elle n'approchoit point de la grandeur de celles dont *Pline* & *Elien* parlent, qui avoient quinze Coudées, & dont chacune suffisoit à couvrir une cabane capable de loger plusieurs personnes. Mais notre Tortue étoit une Tortue de terre; & celle de *Pline* & *d'Elien* sont des Tortues de mer, où les Animaux deviennent ordinairement plus grands que ceux de la même espèce qui vivent sur la terre. *Elien* dit que les Tortues terrestres ne sont pas ordinairement plus grosses que les grosses mottes que la charrue enlève quand la terre est aisée à couper. Les plus grandes Tortues de mer qui se pêchent proche des Antilles, suivant les relations que nous en avons, ne sont point une fois plus grandes que la nôtre. L'écaille & tout le reste de l'Animal étoit d'une même couleur, savoir d'un gris fort brun. Elle étoit par-dessus composée de plusieurs pièces de figure différente, dont néanmoins la plupart étoient pentagones. Toutes ces pièces étoient posées & collées sur un os qui en manière d'un crâne enfermoit les entrailles de l'Animal, ayant une ouverture en devant qui laiſſoit ſortir la tête, les épaules & les bras ; & une autre ouverture oppoſée, par où les jambes & la queue ſortoient. Cet os ſur lequel les écailles étoient appliquées, avoit une ligne & demie à l'endroit le plus mince ; & juſqu'à un pouce & demi en quelques endroits. Il eſt ordinairement double, y en ayant un ſur le dos, & un autre ſous le ventre, qui comme deux plaſtrons ou deux boucliers ſont joints par les côtés, & attachés enſemble par des ligamens forts & durs, mais qui laiſſent néanmoins la liberté à quelque mouvement. *Elien* dit que les Tortues terreſtres ſe dépouillent de leur écaille, au lieu de dire leurs écailles, c'eſt-à-dire, de ces pièces qui ſont appliquées ſur l'os fait en manière de crâne ; car il n'y a point d'apparence qu'une Tortue ſe ſépare de cet os, auquel toutes ſes parties principales ſont attachées ; & il eſt vrai que ces pièces ſe détachent d'elles - mêmes de deſſus l'os, lorſque l'écaille a été long - temps gardée & que l'os commence à ſe pourrir : autrement, pour les détacher, on met l'os ſur le feu,

L v

dont la chaleur fait que ces parties se séparent aisément l'une de l'autre. A la grande ouverture de devant il y avoit en-dessus un rebord relevé, pour laisser plus de liberté au col & à la tête de s'élever en en haut ; & cette inflexion du col est d'un grand usage aux Tortues ; car elle leur sert à se retourner lorsqu'elles sont sur le dos, & leur industrie est admirable pour cela. Nous avons remarqué dans une Tortue vivante, qu'étant renversée sur le dos & ne pouvant se servir de ses pattes pour se retourner, parce qu'elles ne se peuvent plier que vers le ventre, elle ne se servoit que de son col & de sa tête, qu'elle tournoit tantôt d'un côté & tantôt d'un autre en poussant contre terre pour se faire balancer comme un berceau, afin de chercher le côté vers lequel l'inégalité de la terre pouvoit laisser plus aisément rouler son écaille ; car quand elle l'eut trouvé, elle ne faisoit plus d'effort que vers ce côté-là.

Les trois plus grandes pièces d'écailles étoient endevant sur le dos. Elles avoient chacune en leur milieu une bosse ronde élevée de trois ou quatre lignes, & large d'un pouce & demi. Le dessous du ventre étoit un peu creux. Les Auteurs ont remarqué que cette cavité est particulière aux mâles. Tout ce qui sortoit hors de l'écaille , savoir la tête , les épaules , les bras , la queue, les fesses & les jambes , étoit couvert d'une peau lâche & plissée par de grandes rides , & outre cela grenée comme du marroquin. Cette peau n'entroit point sous l'écaille pour couvrir les parties qui y étoient enfermées , mais elle étoit attachée autour du bord de chacune des deux ouvertures. La peau des Tortues d'eau est couverte au droit des jambes de petites écailles comme les Poissons. *Albert* dit que les grandes Tortues ont une écaille sur la tête en manière de bouclier. La tête de notre Tortue étoit seulement couverte d'une peau , qui étoit même plus mince que celle des autres parties. Elle avoit sept pouces de long sur cinq de large , & ressembloit en quelque façon à la tête d'un Serpent : la mâchoire inférieure étoit presque aussi épaisse que la supérieure. Il n'y avoit point d'ouverture pour les oreilles. Les narines étoient ouvertes au bout du museau par deux petits trous ronds , d'une manière ridicule. Les yeux étoient petits & hideux. L'œil n'avoit point de paupière supérieure ,

L vj

n'étant fermé que par le moyen de l'inférieure qui se levoit jusques contre le sourcil. *Pline* dit que cela est commun à tous les Animaux à quatre pieds qui font des œufs. Vers les extrémités des mâchoires, à l'endroit des lèvres, la peau étoit dure comme de la corne, & tranchante comme aux autres Tortues : mais ces lèvres étoient coupées en manière de scie, & il ne laiſſoit pas d'y avoir encore en dedans deux rangs de véritables dents, quoique *Pline* aſſûre que les Tortues n'ont point de dents non plus que de langue. Il y avoit à chacune des pattes de devant cinq doigts, ou plutôt cinq ongles ; car les doigts n'étoient point diſtingués autrement que par les ongles, ces pattes n'ayant par le bout qu'une maſſe ronde d'où il ſortoit des ongles. Les pattes de derrière n'en avoient que quatre. Les unes & les autres de ces pattes étoient fort courtes. Celles de devant n'avoient que neuf pouces depuis le haut de l'épaule juſqu'au bout des ongles, & celles de derrière onze depuis le genou juſqu'au bout des ongles. Les ongles étoient longs, ayant un pouce & demi : ils étoient arrondis en deſſus comme en deſſous, leur coupe faiſant une ovale ;

ils étoient émouffés & ufés. Leur couleur étoit mêlée de blanc & de noir en
différents endroits, & fans ordre. Nous
avons remarqué que les Tortues d'eau
ont les ongles beaucoup plus pointus,
parce qu'elles ne les ufent pas à nager,
comme les Tortues de terre font à marcher. Nous en avons trouvé quelques-
unes qui n'avoient que quatre ongles
aux pieds de devant de même qu'à ceux
de derrière. *Albert* dit qu'il y en a toujours cinq à chaque pied. Nous avons
remarqué que quoique la Tortue marche
lentement, la manière de marcher qui
lui eft particulière, doit ufer fes ongles
autant qu'aux Animaux qui courent ;
car elle les frotte tous contre terre
féparément, & l'un après l'autre ; en
forte que lorfqu'elle pofe une patte, elle
n'appuye d'abord que fur l'ongle qui eft
le plus en arrière, enfuite elle appuye
fur celui qui le fuit, & paffe ainfi fur
les autres jufqu'à l'ongle de devant,
en faifant tourner fa patte qui eft ronde
& bordée d'ongles comme un chariot
qui fait tourner fes roues, & imprime
la tête des cloux dont feur circonference
eft bordée, & les fait entrer dans la
terre l'un après l'autre. La queue étoit
groffe, ayant à fon commencement fix

pouces de diamètre. Elle avoit quatorze pouces de long , & finissoit en une pointe garnie d'un bout semblable à une corne de Bœuf. *Cardan* l'appelle un ongle , qu'il dit être semblable à l'ergo qui est au derrière des pieds des Cocqs, & croit que c'est un cal engendré au bout des queues des Tortues qui ont autrefois été coupées ; ce qui n'a point de vraisemblance , un cal ne pouvant avoir une figure aussi régulière & aussi-bien arrondie qu'elle étoit dans la queue de notre Tortue. Cette queue , après la mort de la Tortue , étoit recourbée à côté , & tellement infléxible , que jamais on ne la put redresser , quelque force qu'on y ait employé. La même inflexibilité s'est trouvée aux muscles des mâchoires , lesquelles n'ont pu être ouvertes qu'en coupant les muscles. *Aristote* a remarqué que de tous les Animaux la Tortue est celui qui a plus de force aux mâchoires ; car cette force est telle, qu'elle coupe tout ce qu'elle prend , jusqu'aux cailloux les plus durs. Nous avons remarqué en une petite Tortue , que sa tête , une demi-heure après avoir été coupée , faisoit claquer ses mâchoires avec un bruit pareil à celui des castagnettes. L'inflexibilité de la queue , pareille à celle des mâchoires, doit faire croire que la Tortue a beaucoup de force à cette partie pour en frapper, & que cette corne qu'elle a au bout peut lui tenir lieu d'arme offensive.

Après avoir scié par les deux flancs l'os qui en manière d'un crâne fait la cavité dans laquelle les entrailles sont enfermées, & après avoir aussi coupé tout autour une membrane adhérante à la partie de ces os qui est en dessous & qui fait le ventre, cette membrane tenant lieu de peritoine vers le bas, & de pleure vers le haut, les parties internes qui se présenterent à la vue furent le ventricule, le foye & la vessie, dont la grandeur étoit telle, qu'elle couvroit les intestins & toutes les autres parties du bas-ventre. Le ventricule étoit situé sous le foye, auquel il étoit attaché par le moyen de plusieurs vaisseaux. Il avoit neuf pouces de long sur trois de diamètre. Ses tuniques étoient fort épaisses, ses orifices étroits, & la membrane qui fait le velouté plissée & formant comme des feuillets étendus selon sa longueur. Il avoit la figure du ventricule des Chiens. *Severinus* lui donne celle du ventricule de l'Homme. A la sortie du ventricule, l'intestin qu'on peut appeller le *Duodenum* avoit en sa furface intérieure des replis comme le ventricule. Leur figure étoit réticulaire ; ce qui pouvoit faire croire que c'étoit un fecond ventricule. Le refte des inteftins étoit compofé de membranes fort épaiffes. Les grêles avoient un pouce de diamètre, & neuf pieds de long. Le colon avoit deux pouces de diamètre, & quatre pieds de long. La valvule du colon étoit formée par un rebord circulaire de la membrane interne de l'ileon. On n'a point trouvé dans l'ileon ni dans le colon les feuillets que nous avons remarqué dans la plupart des Animaux. Nous n'avons point non-plus trouvé de *Cæcum. Severinus* attribue deux *Cæcum* à la Tortue, pareils à ceux qui fe voyent dans les Oifeaux. Le *Rectum*, à la diftance de neuf pouces de l'anus, avoit un retreciffement qui faifoit comme un cul de Poul, autour duquel il y avoit trois appendices rondes de différente grandeur qui paroiffent formées par la membrane interne du *Rectum*, & qui étoient recouvertes par des fibres charnues & étendues felon la longueur des appendices. Le refte du *Rectum* qui s'étendoit depuis le retreciffement juf-qu'à l'anus, fervoit comme d'étui à la verge, ainfi qu'il fe voit au Caftor, à la Civette, & à plufieurs autres Animaux.

Dans les petites Tortues d'eau que nous avons disséquées, on a trouvé vers l'extrémité du *Rectum* deux vessies qui avoient communication avec l'intestin, & qui s'enfloient lorsqu'il étoit enflé. Ces vessies n'ont point été trouvées dans la grande Tortue.

Le foye étoit d'une substance ferme, mais de couleur fort pâle. Il avoit une grandeur considérable, & il sembloit même qu'il fût double, étant séparé en partie droite & en partie gauche qui n'étoient jointes ensemble que par un Isthme d'un pouce de large & par des membranes qui conduisoient des vaisseaux de la partie gauche à la droite. Chacune de ces parties avoit une veine cave sortant de la convexité qui regarde le diaphragme, & chacune un rameau Hépatique sortant de la région cave. La partie gauche du foye étoit la plus grande, divisée en quatre lobes. La partie droite n'avoit que trois lobes, dont le troisième qui étoit le plus petit sortoit du milieu de la cavité du grand lobe & recouvroit la vésicule qui étoit attachée en cet endroit, étant enfoncée dans un sinus qui faisoit qu'elle n'étoit point éminente hors le foye comme elle est ordinairement. Elle avoit un pouce & demi de long sur un demi-pouce de large, sa figure étant approchante de celle de la vésicule de l'Homme. Le canal cystique, qui comme en l'Homme étoit la continuation du col de la vésicule, étoit long de sept pouces, & de la grosseur d'une petite plume à écrire. Il descendoit sans avoir aucune communication avec l'hepatique, & s'inseroit au *Duodenum* par une embouchure particulière. La ratte étoit entre le *Duodenum* & le colon. Elle avoit la figure d'un Rein, & recevoit ses vaisseaux par une enfonçure pareille à celle que le Rein a pour recevoir les siens. Le pancreas embrassoit étroitement le *Duodenum*. Il étoit encore attaché à la ratte qu'il couvroit en partie. Il avoit la figure d'un Prisme triangulaire. Son canal s'ouvroit dans le *Duodenum*. Les reins avoient quatre pouces de longueur, trois de largeur, étant en forme de Prisme triangulaire, d'un rouge vif, récoupée en trois ou quatre morceaux joints ensemble par leurs vaisseaux, & enfermés par la membrane extérieure. Les uretères sortoient de la partie supérieure, & se glissoient le long de toutes la surface à laquelle ils étoient attachés comme aux Oiseaux. Les testicules étoient couchés sur les reins. Ils avoient deux pouces & demi de long , & dix lignes de large. L'épididyme étoit d'une structure fort particulière. C'étoit un canal replié en tant de circonvolutions, qu'étant déplié il avoit quatorze pouces, au lieu qu'auparavant il n'en avoit que quatre.

La veſſie étoit d'une grandeur extraordinaire. On y a trouvé plus de douze livres d'urine claire & limpide. *Ariſtote* dit que la Tortue marine a la veſſie très-grande , & la terreſtre très-petite. La nôtre néanmoins étoit une Tortue terreſtre ; & dans la diſſection que nous avons faite de pluſieurs Tortues d'eau , nous leur avons toujours trouvé la veſſie beaucoup plus petite à proportion qu'à celle dont nous parlons. La figure de la veſſie de notre Tortue n'étoit pas moins extraordinaire que ſa grandeur. Elle étoit faite en forme d'un boyau , & ſon col n'étoit point à l'un des bouts , mais au milieu , ce qui repréſentoit aſſez bien la membrane Allantoïde du Fœtus de la plupart des Brutes. Cette figure eſt bien différente de la figure d'une châtaigne que *Severinus* lui donne. Elle avoit deux pieds de long. Sa ſituation étoit en travers , allant d'un des flancs à l'autre. Sa tunique extérieure étoit membraneuſe. L'intérieure étoit renforcie par une infinité de fibres charnues & relevées en bosse, qui se croisoient & s'entrelaçoient les unes dans les autres, imitant celles qui se voyent au dedans des oreilles du cœur. Le col de la vessie avoit un pouce de long, & autant de large. Il étoit attaché vers le milieu du *rectum*, dans lequel l'urine se déchargeoit par une petite ouverture ou canal oblique à sept ou huit pouces près de l'anus. La verge avoit neuf pouces de long sur un pouce & demi de large. Elle étoit composée de deux ligamens ronds, d'une substance spongieuse, & revêtus d'une membrane déliée.

Le cœur étoit situé tout au haut de la poitrine, enfermé dans un Pericarde fort épais, & attaché par en bas à la membrane qui couvroit le foye. Sa figure étoit fort différente de celle que le cœur a ordinairement; car au lieu d'être allongé de sa base à sa pointe, sa plus grande dimension étoit d'un côté à l'autre, ayant trois pouces de ce sens, & un pouce & demi seulement de la base à la pointe. Les deux oreilles qui sortoient de la base, en étoient fort détachées & comme pendantes : la droite avoit deux pouces & demi de long sur un pouce & demi de large ; la gauche étoit plus petite. Ces oreilles s'ouvroient à l'ordinaire chacune dans un ventricule. Outre les deux ventricules qui étoient en la partie postérieurs du cœur qui regarde l'épine, il y en avoit un troisième en la partie antérieure, tirant un peu vers le côté droit. Ces trois ventricules se communiquoient par plusieurs ouvertures, leur substance n'étant pas solide & continue comme aux cœurs des autres Animaux, mais spongieuse & composée de fibres & de colomnes charnues, seulement contiguës les unes aux autres, & entrelacées ensemble. Les deux ventricules postérieurs recevoient le sang des deux troncs de la veine cave avec le sang de la veine du poumon, laquelle étoit double, y en ayant une de chaque côté ; car ces veines se déchargeant dans chaque axillaire, mêloient le sang qu'elles avoient reçu du poumon avec celui de la veine cave pour le porter dans le ventricule droit duquel l'aorte sortoit. Le ventricule antérieur n'avoit point d'autre vaisseau que l'artère du poumon. Cette artère, de même que l'aorte, avoit trois valvules sigmoïdes, dont l'action étoit d'empêcher que le sang qui est sorti du cœur n'y rentre, lorsque les ventricules viennent à se dilater pour recevoir le sang de la veine cave &

de celle du poumon. L'aorte au sortir du ventricule droit se partageoit en deux branches qui formoient deux crosses. Le larynx étoit composé comme aux Oiseaux d'un Aryténoïde & d'un Cricoïde articulés ensemble. La fente de la glotte étoit étroite & serrée ; & cette conformation particulière de la Glotte pourroit être la cause du ronflement des Tortues de mer qui, au rapport de *Pline*, s'entend de fort loin lorsqu'elles flottent endormies sur la surface de l'eau. Les veaux marins qui sont remarquables aussi par leur ronflement, ont ainsi leur glotte & leur épiglotte extraordinairement serrées. L'Aspre Artère qui avoit ses anneaux entiers, se séparoit à l'entrée de la poitrine en deux longues branches de six pouces chacune. Dès l'entrée du poumon ces branches perdoient leurs cartilages, & ne produisoient que des canaux membraneux fort larges & inégaux. Les Auteurs qui ont cru que la Tortue n'a point de sang dans le poumon, ont fondé cette opinion sur la blancheur & sur la transparence des membranes dont il est composé, qui le font paroître tout-à-fait membraneux lorsqu'il est enflé, au lieu que celui des autres Animaux paroît charnu : mais la vérité est qu'il n'y a de la différence que du plus & du moins ; le poumon de l'Homme, de même que celui des autres Animaux, n'étant composé d'autre chose que de petites véſicules amaſſées les unes contre les autres, entre leſquelles les vaiſſeaux ſanguins ſont entrelacés en ſi grand nombre, qu'ils forment une apparence de chair en manière de petits lobes attachés aux canaux des Bronches, & c'eſt de ces petits lobes que les grands lobes du poumon ſont compoſés. Or il n'y a point d'apparence que le poumon de la Tortue ſerve à la circulation entière du ſang ; il n'eſt point fait auſſi pour la voix, la Tortue étant abſolument muette ; & il n'eſt point utile au rafraîchiſſement des parties internes, ni à l'évacuation de leurs vapeurs, puiſqu'il n'a point le mouvement continuel & réglé qui ſe voit dans les autres Animaux, & qui eſt néceſſaire à ces uſages ; de ſorte qu'il ne reſte que la compreſſion des parties internes, dont les uſages ſe reduiſent à la confeétion & à la diſtribution de la nourriture. Mais nous cherchons un autre uſage plus important & qui étant plus particulier à la Tortue & aux autres Animaux de ſon eſpèce, réponde mieux à la conformation particulière de leur poumon ; &

nous avons trouvé qu'on peut attribuer à cette partie la faculté que la Tortue a de s'élever & de se tenir sur l'eau, & de descendre au fond quand elle veut, ensorte qu'il lui tient lieu de la vessie pleine d'air qui se trouve dans la plupart des Poissons. Nous avons observé pendant un long temps des Tortues flotantes sur l'eau sans se remuer. Les Poissons se tiennent de même long-temps en un même endroit entre deux eaux, tantôt près du fond de l'eau, tantôt près de sa surface. *Aristote* & *Pline* ont remarqué que lorsque les Tortues ont été long-temps sur l'eau pendant la bonace, il arrive que leur écaille étant desséchée au soleil, elles sont aisément prises par les Pêcheurs, à cause qu'elles ne peuvent se plonger dans la Mer assez promptement, étant devenues trop legères. Cela fait voir quelle justesse il doit y avoir dans leur équilibre, puisqu'un aussi petit changement qu'est celui qui peut arriver par le seul dessechement de l'écaille, est capable de le rendre inutile. Quoique notre Tortue ne fût pas de celles qui vivent dans l'eau, elle ne laissoit pas à l'égard de cette conformation particulière du cœur & du Poumon, de l'avoir pareille à celle des Animaux de son espèce, ainsi qu'on voit plusieurs Oiseaux

avoir

avoir des aîles quoiqu'ils ne volent point.

Le cerveau étoit très-petit ; car la grandeur de la tête qui à proportion du reste du corps est déjà fort médiocre, consistoit principalement aux os du crâne & à la chair des muscles crotaphites qui le couvroient & qui étoient épais comme au Lion, l'os du sommet de la tête ayant une crête à la manière de tous les Animaux qui ont une force extraordinaire aux mâchoires. Le cerveau avec le cervelet avoit en tout seize lignes de long sur neuf de large. Les Tortues marines qui se pêchent aux Antilles, l'ont trois fois plus petit à proportion ; car, suivant les relations que nous avons de ces pays, les Tortues qui y ont la tête grosse comme celle d'un veau, n'ont pas le cerveau plus gros qu'une féve. Les membranes de ces deux parties, leur substance, le lacis choroïde, la glande pineale, la pituitaire, l'entonnoir, & la plupart des nerfs étoient de la même manière qu'ils se voyent dans les Oiseaux. Les autres parties avoient quelque chose de particulier. Les nerfs Olfactoires étoient d'une grandeur extraordinaire, faisant presque le quart de tout le cerveau. Les nerfs optiques prenoit leur origine des nerfs olfactoires. La moëlle de l'épine étoit couverte de ses membranes ordinaires, & arrosée de plusieurs vaisseaux qui l'accompagnoient jusqu'à sa fin. Elle emplissoit toute la cavité des vertébres, & envoyoit de part & d'autre plusieurs paires de nerfs. Ceux qui se distribuoient aux bras, aux jambes, au col, & à la queue, étoient fort gros & en très-grand nombre. Le globe de l'œil avoit un pouce de diamètre. La paupière interne que nous avons vu remuer dans les Tortues vivantes, avoit les mêmes muscles que nous avons observés dans les Oiseaux. La cornée étoit fort mince. L'humeur aqueuse avoit une consistance tellement épaisse, qu'elle ne couloit qu'à peine. L'iris étoit de couleur minime ; on y voyoit plusieurs vaisseaux entrelacés. Le cristallin n'avoit qu'une ligne de diamètre ; il étoit plat & lenticulaire. La langue dont la figure étoit pyramidale, avoit un pouce de long sur quatre lignes de large. Elle étoit mince, n'ayant pas plus d'une ligne, dont la substance charnue ne faisoit que la moitié. La tunique avoit en-dessus un grand nombre de mammelons. La langue avoit avec l'os hyoïde dix muscles, cinq de chaque côté.

A l'égard des oreilles, à nos petites

Tortues de même qu'à la grande, il n'y
avoit aucune ouverture en dehors : l'os
paroiſſoit ſeulement enfoncé au droit des
temples, & la peau qui couvroit cette
enfonçure étoit plus mince & plus délicate qu'ailleurs, & paroiſſoit auſſi quelque peu enfoncée en cet endroit. Après
avoir levé cette peau, on découvroit un
trou rond de la grandeur & de la forme
de celui de l'Orbite de l'œil. Il étoit
fermé par une eſpèce de platine cartilagineuſe fort mobile, étant attachée tout
à l'entour au bord du trou rond par une
membrane fort delicate. Au côté du trou
vers le derrière de la tête, il y avoit un
conduit cartilagineux qui deſcendoit
dans le palais, où il avoit une ouverture
longue, faiſant une petite fente. Audeſ-
ſous de la platine cartilagineuſe on a
trouvé une grande cavité de figure ovale,
fort longue, ayant de long deux fois ſa
largeur. Cette cavité étoit percée à côté
pour donner paſſage à un petit ſtylet fort
menu qui venoit obliquement ſoutenir
la platine par un bout, & par l'autre
après avoir paſſé au travers d'une ſeconde
cavité qui étoit un peu en deſſous & à
côté de la grande, il bouchoit un trou
par lequel la ſeconde cavité s'ouvroit
dans une troiſième qui étoit anfrac-

tueuse, & qui recevoit le nerf de l'ouye.
Le bout du stylet qui bouchoit l'ouverture de cette troisième cavité, alloit en s'élargissant comme le bout d'une Trompette, & avoit une membrane délicate qui l'attachoit à la circonference du trou. Ceux qui ont fait la description des Antilles, qui est le lieu du monde où il y a une plus grande quantité de Tortues, disent qu'elles sont sourdes. Nous avons lieu de douter, vu les organes que nous venons de décrire, que ces Historiens ayent apporté tous le soin nécessaire pour être bien instruits de cette particularité, y ayant apparence qu'ils se sont contentés de la conjecture qu'on peut tirer pour cela du défaut d'ouverture que ces Animaux ont en leurs oreilles : sinon, il faudroit que les oreilles fussent aux Tortues ce que les yeux sont aux Taupes, c'est-à-dire qu'elles eussent des oreilles sans entendre, de même que les Taupes ont des yeux avec lesquels elles ne voyent point.

La remarque que nous avons faite sur la manière dont la Tortue remue son col pour se retourner quand elle est sur le dos, nous a donné occasion de chercher les muscles qui fléchissent & qui étendent cette partie. Nous avons pre-

mièrement trouvé que ce col a deux espèces de mouvement, qui sont chacun
composés de fléxion & d'extension. Le
premier mouvement est celui par lequel
la Tortue retire son col & sa tête en
dedans, ou l'allonge & la fait sortir en
dehors. Le second est celui par lequel le
col étant sorti & étendu se fléchit de
tous les côtés. Dans la première espèce
de mouvement le col s'allonge lorsque
les muscles qui servent aux différentes
fléxions du col mis en dehors, agissent
ensemble & d'une égale force ; & il
se retire en dedans avec la tête par deux
différentes fléxions & extensions des
vertèbres, dont l'une est en dessus, &
l'autre en dessous ; ce qui donne au
col une figure pareille à celle que le
col du Cygne prend quand cet Oiseau
retire sa tête vers son dos. Pour cela
outre les muscles qui fléchissent de tous
côtés le col mis en dehors, & qui sont
communs à tous les mouvemens du col,
il y en a cinq particuliers de chaque
côté, qui naissant des apophyses des
lombes & des dernières côtes montent
le long des vertèbres du dos, & s'insèrent en cinq différents endroits des
apophyses obliques des vertèbres du col,
le plus long étant attaché proche de la

tête au corps de la première vertèbre. Les muscles qui, lorsqu'ils agissent séparément, servent aux fléxions du col mis en dehors, naissent des vertèbres du col, & s'insèrent aussi à ses vertèbres. Lorsque la tête se retire en dedans, elle s'enfonce dans un repli de la peau qui est sur les épaules, lequel forme comme un froc. Cela se fait par le moyen d'un muscle fort large & fort épais adhérant à la peau, & qui étant attaché aux apophyses épineuses des vertèbres d'où il semble naître, se replie en dessous, couvrant & enveloppant l'Aspre Artère & l'Œsophage. Les différentes situations des fibres de ce muscle qui le peuvent faire passer pour un assemblage de plusieurs muscles, produisent les divers replis de cette peau faite en forme de froc lorsqu'elles agissent différemment.

La Tortue en général se nomme en Grec *Chelôné* ; en Latin *Testudo*, *à testa*, écaille, parce que cet Animal est couvert d'une écaille ; autrement *Domiporta*, parce qu'elle porte avec elle sa maison ; ou *Tardigrada*, parce qu'elle se remue lentement ; en Italien *Testudine*, *Tartaruca* ou *Tartaruga* ; en Espagnol *Tartuga*. Quant à la Tortue de terre ou terrestre en particulier, elle s'appelle en Allemand *Erd - Schild-Kroete* ; en Flamand *Schild - Pad* en Anglois *Common Land Tortoise*.

La Tortue de mer ; *Teſtudo marina*, Offic. Schrod. 333. Rondel. *de Piſc.* 443. Bellon. *de Aquat.* 50. Geſn. *de Quad. Ovip.* 113. Aldrov. *de Quad. Ovip.* 712. Jonſt. *de Quad.* 147. Schonev. Icht. 74. Charlet. Exer. 30. *Teſtudo marina vulgaris*, Raij Synop. Anim. Quad. 254. *Teſtudo marina Corticata, ſeu Communis*, Nonnull.

Selon *Ray*, cette eſpèce diffère de la terreſtre principalement par la grandeur, en quoi elle la ſurpaſſe ; par ſon écaille moins belle & plus molle ; & par ſes pieds faits pour nager, ſemblables aux nageoires des Poiſſons. Elle croît à une grandeur conſidérable. On en trouve fréquemment au Breſil & aux Iſles Antilles qui ſont ſi grandes, que la chair d'une ſeule ſuffiroit pour le diſner de 80 ou 100 hommes. *Solin* dit que dans la mer des Indes il y a des Tortues ſi grandes, que les Indiens conſtruiſent leurs maiſons avec deux écailles de ces Animaux. *Elien* rapporte que dans l'Iſle Taprobane les toits des maiſons ſont faits d'écailles de Tortues. *Diodore de Sicile* nous apprend que les

Chelonophages, peuples voisins de l'E-thiopie, se servent de ces mêmes écailles en guise de barques pour naviger près le continent, & au lieu de tentes. Parmi les voyageurs, les uns assûrent pour certain avoir vu dans l'Ocean Indien des Tortues d'une telle grandeur, que quatorze hommes pouvoient monter à la fois sur le dos ou l'écaille supérieure d'une seule ; les autres, des Tortues longues de dix pas, & larges de sept. Suivant le rapport de *Jean de Laet*, les Tortues croissent dans l'Isle de Cuba au point de pouvoir porter cinq hommes sur leur dos. D'autres Auteurs disent que le mâle & la fémelle restent accou-plés pendant un mois lunaire entier. Les pêcheurs les prennent en les renversant sur le dos ; pour cela, ils en approchent doucement tandis qu'elles dorment flot-tantes à la surface de l'eau ; & quand ils les ont ainsi renversées, ils les poussent devant eux avec les mains jusqu'à leur barque. Lorsqu'elles sonr couchées sur le dos, elles tirent des soupirs du fond de la poitrine, & versent des larmes abondamment. Au lieu de dents, elles ont un os continu si dur, qu'elles cou-pent, à ce qu'on dit, de gros bâtons d'un seul coup. Leur mâchoire supérieure à un canal gravé pour recevoir les dents de la mâchoire inférieure, qui reçoit à son tour la saillie dentelée de la mâchoire supérieure; moyennant quoi elles paissent facilement l'herbe. *Pline* dit qu'étant sorties sur la terre elles pondent dans l'herbe des œufs semblables à ceux des Oiseaux, & jusqu'à une centaine. Ces œufs sont blancs, ronds, & non pas de figure ovale comme ceux des Oiseaux. Ce que les Anciens rapportent touchant leur couvaison, est faux; car ils sont échauffés & éclosent uniquement par la chaleur du soleil; ce qui se doit dire des œufs de toutes les Tortues en général. *Jean Fabre Lyncée* assûre que les poumons de la Tortue sont situés non dans la poitrine, mais dans le bas-ventre sous le diaphragme. Après avoir, dit-il, coupé en partie la trachée-artère, & l'avoir soufflée avec un tube, j'apperçus aussi-tôt les deux poumons dans le bas-ventre, lesquels atteignoient jusqu'au bout de l'Intestin *Rectum*, & s'élevoient vers la poitrine en croissant beaucoup en largeur; ils étoient rougeâtres, & d'une couleur très-jolie. La trachée-artère descend du larynx dans la poitrine, où elle se partage en deux branches, qui ayant percé

M v

le diaphragme entrent dans les poumons. Ces poumons font d'une fubftance très-déliée qui les fait paroître comme des veffies rouges enflées ; ils confervent néanmoins la fubftance de vrais poumons, & font tellement adhérants à l'endroit qui regarde le dos, qu'on peut bien après tout les en détacher avec les doigts fans fcalpel.

Le R. P. *Feuillée*, Minime, nous a donné dans le *Journal* de fes *Obfervations* l'Anatomie des principales parties d'une Tortue de mer. Selon lui, les mufcles qui couvrent l'œil du côté de l'orbite, font accompagnés d'une matière glaireufe, & de plufieurs glandes blanches, tachetées de noir au milieu, & attachées enfemble à côté du grand angle : la membrane ou conjonctive qui eft immédiatement fous ces mufcles, & qui couvre entièrement tout le globe de l'œil, eft fort adhérante à la cornée ; elle eft de couleur d'ardoife par-tout, excepté au-devant où elle eft un peu blanche. La cornée eft épaiffe comme un fol marqué ; fa capacité n'eft pas tout-à-fait fphérique, mais un peu applatie en devant & en derrière ; elle eft compofée de deux pièces, de la poftérieure ou fclerotique, & de l'antérieure ou cornée ; celle-ci eſt encore compoſée d'environ huit pièces jointes les unes aux autres, comme en manière de ſuture : mais ces ſutures ne paroiſſent que dans la partie concave de cette cornée. La cornée eſt auſſi dentelée tout à l'entour ; elle eſt tout-à-fait noire en-dedans, & toute tapiſſée d'une membrane fort déliée & de couleur minime-obſcur ; cette membrane enveloppe une matière glaireuſe qui eſt comme dans une boîte ou veſſie compoſée d'une membrane extrémement déliée & pleine d'une eau très-claire, dans laquelle nage un cryſtallin très-pur, très-tranſparent, & enveloppé de l'Arachnoïde. Ces cryſtallin eſt beaucoup plus convèxe par devant que par derrière : Il y a au devant une autre membrane auſſi extrémement déliée & percée comme l'uvée dans l'homme pour donner paſſage à la lumière : cette dernière membrane eſt attachée au fond de la platine dentelée ou cornée, dont l'ouverture du milieu eſt encore formée par une membrane fort déliée, & tendue comme le tympan dans l'oreille.

La langue de la Tortue de mer eſt courte, émouſſée & aſſez épaiſſe ; elle eſt toute muſculeuſe, un peu dure &

toute ridée par - deſſus , ayant dans ſa ſubſtance intérieure un petit cartilage oblong , fait en façon d'une petite navette. Ce petit cartilage eſt attaché au-deſſus de la pointe d'un os cartilagineux , ſemblable à un plaſtron de corps de cuiraſſe : cet os eſt accompagné aux deux côtés par trois os auſſi cartilagineux , & diſpoſés de manière qu'ils ſemblent compoſer le corps d'une Grenouille avec le plaſtron. Cet aſſemblage d'os tient la place de l'os hyoïde , & on peut l'appeller ainſi. La langue eſt immédiatement attachée à ce plaſtron & aux oſſelets qui l'accompagnent par des muſcles fort épais , & l'on voit un peu après ſa racine une petite foſſe un peu longue , au commencement de laquelle le larynx eſt ſitué. La trachée-artère eſt compoſée de quarante anneaux ou environ , cartilagineux , ovales , & joints l'un à l'autre bout-à-bout & ſans s'emboîter , par une groſſe membrane ; elle ſe fourche en deux groſſes bronches qui pénètrent toute la longueur du poumon : ces anneaux en diſtribuent d'autres en rameaux plus minces , mais compoſés d'anneaux tout ondés & diviſés en pluſieurs pièces.

La Tortue qui a fait le ſujet des

remarques précédentes , étoit un mâle d'environ trois pieds de long. La longueur des intestins depuis leur commencement jufqu'à l'anus étoit de quarante-cinq pieds , l'œfophage étoit fort ample , long de feize pouces , tout garni en - dedans depuis le commencement jufques vers fon milieu de quantité de pointes mollaffes , blanches & femblables à ces petits flocons qu'on voit aux bords de quelques couvertures de laine ; elles étoient toutes inclinées vers le ventricule : tout le refte avoit bien quelques - unes des mêmes pointes ; mais elles étoient beaucoup plus rares , & beaucoup plus courtes. Le ventricule avoit environ deux pieds de longueur : à près de dix-huit pouces de longueur , il eft étranglé de manière qu'il femble que ce foit deux ventricules joints enfemble bout-à-bout ; tous les deux font pliffés en - dedans : mais les plis du fecond font beaucoup plus épais que ceux du premier. Le pylore a environ deux pouces de longueur ; il eft fi étroit , qu'à peine on y peut introduire le petit doigt ; il eft auffi tout pliffé en long par-dedans. Tout le refte des inteftins depuis le pylore jufqu'à l'anus ne fauroit fe divifer qu'en deux boyaux , l'un grêle ,

& l'autre gros : celui - ci eſt beaucoup plus ample au commencement qu'en tout le reſte ; l'inteſtin grêle a environ douze pieds de longueur depuis le pylore juſqu'au commencement du gros. Ses membranes ou tuniques ſont beaucoup plus épaiſſes au commencement qu'à la fin : au - dedans à environ quatre pieds de longueur , il eſt très déchiqueté par une infinité de petites ouvertures ou de profondeurs en façon de mailles de réſeau. Le fond de chaque eſpace eſt encore diſtingué par d'autres mailles plus petites , & celles-ci encore par d'autres moindres ; de ſorte qu'il ſemble qu'on voye trois ou quatre réſeaux poſés les uns ſur les autres , les mailles les plus enfoncées étant beaucoup plus étroites & plus petites que les ſupérieures. Le reſte des inteſtins eſt pliſſé juſqu'à l'anus , à la manière d'un ſurplis , ſans qu'il y paroiſſe aucune forme de réſeau. Tout l'inteſtin eſt enduit au - dedans d'une matière graſſe & viſqueuſe , & le canal choledoque y a ſon entrée environ deux pieds au-deſſous du pylore. La ſéparation de l'inteſtin grêle & de l'inteſtin gros , eſt un gros ſphincter fort épais , mais fort étroit en ſon paſſage. L'inteſtin gros eſt fort ample durant l'eſpace d'un

pied & demi ; tout le reste jusqu'à l'anus
est d'une même grosseur , excepté un
peu au devant de l'anus où il est un peu
plus gros qu'en tout le reste , à cause
que les tuniques qui-composent tout
l'intestin y sont beaucoup plus épaisses.
Tout l'intestin depuis l'œsophage jusqu'à l'anus est composé de trois tuniques
ou membranes , l'intérieure , la moyenne , & l'extérieure. L'intérieure est
fort menue , & toute tapissée de quantité
de rameaux , de veines & d'artères ; la
moyenne est fort épaisse , fort blanche ,
& composée principalement de fibres
longitudinales , tendres & charnues : elle
est traversée d'espace en espace par plusieurs veines & par plusieurs artères qui
vont distribuer plusieurs rameaux sur
toute la membrane intérieure. La membrane extérieure est extrêmement déliée ;
elle provient du méfentère , lequel est
attaché aux poumons & au foye ; & il
est si délicat, qu'on le déchire fort aisément pour peu d'effort qu'on fasse en
le tirant : il est tout tapissé de plusieurs
grands rameaux de veines composées
d'une membrane fort épaisse. Tous ces
rameaux de veines sont accompagnés
d'autres rameaux d'artères , dont les
membranes sont beaucoup plus déliées

que celles des veines. On voit tout le long de ces rameaux tant des veines que des artères, une bande de graisse fort jaune qui les accompagne par-tout; toutes les extrémités de ces rameaux viennent ramper sur les intestins, & distribuent plusieurs autres rameaux dans leur substance intérieure.

Le cœur est immédiatement posé sur le foye, & le foye sur les poumons. Le cœur de notre Tortue avoit la figure d'une grosse poire un peu applatie. Sa grandeur est proportionnée à la Tortue; ce cœur n'a point de péricarde, mais il est couvert d'une membrane assez forte qui lui est extrêmement adhérante, laquelle lui tient lieu de péricarde. Il a deux grandes oreilles d'une substance membraneuse assez épaisse, l'une à droite, & l'autre à gauche : en-dehors il est tout ridé, & en-dedans il a une infinité de cavités qui laissent entr'elles une infinité de faisceaux de fibres charnues. Chaque oreille communique respectivement avec les ventricules du cœur, mais d'une manière fort particulière; car au lieu que dans l'homme le sang entre premièrement dans l'oreillette avant que d'entrer dans le ventricule, ici au contraire le sang est porté par la direction de fon mouvement dans la cavité des ventricules, & les oreillettes ne femblent faites que pour recevoir ce qui ne peut pas entrer dans les ventricules. Les cavités du cœur font au nombre de trois ; la droite reçoit le fang de la veine cave & de l'oreillette droite ; la cavité gauche reçoit celui de la veine pulmonaire & de l'oreillette du même côté : le fang paffe de la cavité gauche dans la droite par une efpèce de trou qui en fait la communication ; & delà tout ce fang paffe dans deux artères qui naiffent de cette cavité droite, & qui vont dans les différentes parties du corps, fi vous exceptez une portion de ce fang qui paffe par un trou dans la troifième cavité qui eft antérieure, afin d'entrer dans l'artère du poumon qui prend fon origine de cette troifième cavité ; de forte que la cavité gauche reçoit uniquement le fang de la veine pulmonaire & de l'oreillette gauche : la cavité droite reçoit celui qui lui vient de la cavité gauche, de l'oreillette droite, & de la veine cave ; & en même temps elle fournit aux deux artères qui tiennent la place de l'aorte, & à la troifième petite cavité, d'où ce fang entre dans l'artère pulmonaire.

Le foye eſt fendu juſques vers le milieu de ſa longueur ; ce qui forme
comme deux lobes , un grand & un
petit , quoique ce n'en ſoit proprement
qu'un. Le grand eſt à droite , & le petit
à gauche. Les deux lobes du poumon
ſont joints par une membrane aſſez forte
& aſſez épaiſſe ; ils ſont rougeâtres &
ſpongieux. La trachée artère leur fournit
à chacun une bronche qui les traverſe
entièrement dans toute leur longueur ,
& qui en diſtribue pluſieurs moindres
dans toute leur ſubſtance. Le cœur fournit auſſi à chaque poumon deux grands
vaiſſeaux qui paſſent ſur les bronches
de la trachée-artère , entrent dans leur
ſubſtance , & accompagnent par - tout
les bronches. Les deux autres coulant
tout le long en - dehors ſous la partie
poſtérieure vont former les grands rameaux qui rampent par-deſſus tout le
méſentère : mais un peu avant que de
former les rameaux du méſentère , ils
ſont joints enſemble par un autre vaiſſeau à la façon d'un traverſier ou échelon
d'une échelle.

Le ſieur *de Rochefort* dans ſon *Hiſtoire
Naturelle des Iſles Antilles de l'Amérique* , dit qu'on prend en ces Iſles pluſieurs ſortes de Tortues de terre , de

mer , & d'eau douce. Selon lui , les Tortues de mer se divisent ordinairement par les insulaires en *Tortue Franche* , en celle qu'ils nomment *Caouanne* , & en *Caret*. Elles sont presque toutes de la même figure ; mais il n'y a que la chair de la première espèce qui soit bonne à manger , si ce n'est dans le cas de necessité & faute d'autre chose , de même qu'il n'y a que l'écaille de la dernière qui soit de prix. Les Tortues Franches & les Caouannes sont le plus souvent d'une grosseur si démesurée , que la seule écaille de dessus a environ quatre pieds & demi de longueur , & quatre de largeur. Ces Animaux Amphibies ne viennent guères à terre que pour poser leurs œufs ; ils choisissent pour cet effet un sable fort doux & fort délié qui soit sur le bord de la mer en un endroit peu frequenté , & où ils puissent avoir un accès facile. Les Insulaires qui vont en certain temps de l'année aux Isles du Cayeman pour faire provision de la chair des Tortues qui y terrissent en nombre innombrable , disent qu'elles y abordent de plus de cent lieues loin pour y poser leurs œufs , à cause de la facilité du rivage qui est bas , & par - tout couvert d'un sable mollet. Le terrissage des Tortues commence à la fin d'Avril, & dure jusqu'au mois de Septembre ; & c'est alors qu'on en peut prendre en abondance ; ce qui se fait de la manière suivante.

A l'entrée de la nuit on met des hommes à terre, qui se tenant sans faire de bruit sur la rade guettent les Tortues lorsqu'elles sortent de la mer, pour venir poser leurs œufs dans le sable ; & quand ils apperçoivent qu'elles sont un peu éloignées du bord de la mer, & qu'avec leurs pattes elles font dans le sable un trou profond d'un pied & demi, & quelquefois davantage, pour y pondre, ces hommes les surprenant pendant qu'elles sont occupées à ce travail les tournent sur le dos ; étant en cette posture, elles ne peuvent plus se retourner, & demeurent ainsi jusqu'au lendemain qu'on les va querir dans des chaloupes pour les apporter au navire. Lorsqu'elles sont de la sorte renversées sur le dos, on les voit pleurer, & on leur entend jetter des soupirs. Les matelots des navires qui vont en ces isles du Cayeman pour faire leur charge de Tortues, en peuvent facilement tourner chaque soir en moins de trois heures quarante ou cinquante, dont la moindre pése cent cinquante

livres, & les ordinaires deux cens livres :
il y en a telle qui a deux grands seaux
d'œufs dans le ventre. Ces œufs sont
ronds de la grosseur d'une bale de jeu
de paume ; ils ont du blanc & du jaune
comme les œufs de Poule , mais la coque
n'en est pas ferme ; elle est molasse
comme si c'étoit du parchemin mouillé.
On en fait des fricassées & des omelettes
qui sont assez bonnes ; mais elles sont plus
séches que celles qu'on fait avec des œufs
de Poule. Une seule Tortue a tant de
chair , qu'elle est capable de nourrir soi-
xante hommes par jour. Quand on les veut
manger , on leur cerne l'écaille du ventre
que les Insulaires appellent le *plastron de
dessous* , lequel est uni à celui de dessus
par de certains cartilages qui sont aisés à
couper. Tout le jour les matelots sont
occupés à mettre en pièces & à saler les
Tortues qu'ils ont prises la nuit. La plupart des navires qui vont en ces isles du
Cayeman , après avoir fait leur charge-
ment , c'est-à-dire , après six semaines
ou deux mois de séjour , s'en retournent
aux Antilles où ils vendent cette Tortue
salée pour la nourriture du menu peuple
& des esclaves. Mais les Tortues qui
peuvent échapper la prise , après avoir
pondu leurs œufs à deux ou trois reprises ,

s'en retournent au lieu d'ou elles étoient venues. Les œufs qu'elles ont couverts de tetre sur le rivage de la mer, viennent à éclorre au bout de six semaines par l'ardeur du soleil, & non par leur regard comme *Pline* & quelques Anciens s'étoient imaginé : si tôt que les petites Tortues ont brisé la coque qui les tenoit enveloppées, elles percent le sable & en sortent pour se rendre droit à la mer auprès de leurs mères par un instinct qu'elles ont reçu de la nature. La chair de cette Tortue est aussi délicate que le meilleur veau ; pourvu qu'elle soit fraîche, & qu'elle soit seulement gardée du jour au lendemain. Elle est entremêlée de graisse qui est d'un jaune-verdâtre étant cuite : elle est de facile digestion, & fort saine ; d'où vient que quand il y a des malades qui ne peuvent guérir aux autres isles, on les fait passer aux isles du Cayeman dans les navires qui en vont faire la provision : & le plus souvent ayant été rafraîchis & purgés par cette viande, ils retournent en bonne santé. La graisse de cette sorte de Tortue rend une huile qui est jaune & propre à faire ce qu'on veut lorsqu'elle est fraîche. Quand elle est vieille, elle sert aux lampes.

La Tortue qu'on nomme *Caouanne* est

de même figure que la precedente, hormis qu'elle a la tête un peu plus grosse. Elle se met en défense lorsqu'on veut en approcher pour la tourner : mais sa chair étant noire, filamenteuse & de mauvais goût, n'est point estimée. L'huile qu'on en tire n'est propre que pour entretenir les lampes.

Quant à la troisième espèce que les François nomment *Caret*, elle diffère des deux autres en grosseur, étant de beaucoup plus petite, & en ce qu'elle ne pose pas ses œufs dans le sable, mais dans le gravier qui est mêlé de petits cailloux. La chair n'en est point agréable ; mais les œufs en sont plus délicats que ceux des autres espèces. Elle seroit autant négligée que la Caouanne, si ce n'étoit que son écaille précieuse la fait soigneusement rechercher. Cette écaille est composée de quinze feuilles tant grandes que petites, dont dix sont plattes, quatre un peu recourbées ; & celle qui couvre le col est faite en triangle cavé comme un petit bouclier. La dépouille d'un Caret ordinaire pèse trois ou quatre livres : mais on en rencontre quelquefois qui ont l'écaille si épaisse, & les feuilles si longues & si larges, qu'elles pèsent toutes ensemble environ six ou ſept livres. Ceſt de cette écaille qu'on fait à préſent tant de beaux peignes, de belles coupes, de riches boïtes, de caſſettes, de petits buffets, de tabatières, & tant d'autres excellents ouvrages qui ſont eſtimés de grand prix. Pour avoir cette précieuſe écaille, il faut mettre un peu de feu ſous le plaſtron de deſſus, ſur lequel les feuilles ſont attachées ; car ſi tôt qu'elles ſentent le chaud, on les enlève ſans peine avec la pointe du couteau.

Les Tortues de mer ne ſe prennent pas ſeulement ſur le ſable de la manière que nous avons dit ci-deſſus, mais auſſi par le moyen d'un inſtrument qu'on nomme *Varre.* C'eſt une perche de la longueur d'une demi-pique, au bout de laquelle on fiche un clou pointu par les deux bouts, quarré par le milieu, & de la groſſeur du petit doigt. On l'enfonce juſqu'à moitié dans le bout de la varre où il entre ſans force. Quelques-uns font des entailles du côté qu'il ſort, afin qu'il tienne plus fortement lorſqu'on l'a lancé dans l'écaille de la Tortue. Voici comme font les Peſcheurs pour darder cette varre. La nuit, lorſqu'il fait clair de lune, & que la mer eſt tranquille, le maître

Pêcheur

Pêcheur qu'ils appellent *Varreur* se met en un petit esquif nommé *Canot*. Avec deux autres hommes, dont l'un est à l'aviron pour le remuer de chaque côté avec tant de vîtesse & de dexterité, qu'il avance autant & avec beaucoup moins de bruit que s'il étoit poussé à force de rames ; & l'autre au milieu du canot, où il tient la ligne qui est attachée au clou, en état de pouvoir aisément & promptement filer lorsque le Varreur aura frappé la Tortue. En cet équipage, ils vont sans faire aucun bruit où ils espèrent d'en trouver : & quand le Varreur qui se tient tout droit sur le devant du canot en apperçoit quelqu'une à la lueur de la mer qu'elle fait écumer en sortant par intervalles, il montre du bout de sa Varre qui doit servir de boussole à celui qui gouverne le petit vaisseau, l'endroit où il faut qu'il le conduise ; & s'étant approché tout doucement de la Tortue, il lui lance avec roideur cette Varre sur le dos. Le cloud pénètre l'écaille, & perce bien avant dans la chair ; & le bois revient sur l'eau. Aussi tôt qu'elle se sent blessée, elle se coule à fond avec le clou qui demeure engagé dans son écaille ; & plus elle se remue & s'agite, plus elle s'enferre. Enfin après s'être

Tome II. Partie II.   N

bien débattue, ſes forces lui manquant à cauſe du ſang qu'elle a perdu, elle ſe laiſſe prendre aiſément, & on la tire ſans peine à bord du canot, ou à terre.

Il y a, dit M. *Pluche* dans ſon *Spectacle de la Nature*, de quatre ou cinq ſortes de Tortues, dont les deux plus eſtimées ſont la Tortue franche & le Carret. La Tortue franche n'a pas l'écaille bien belle : mais la chair & les œufs en ſont excellents & très recherchés par les gens de mer, qui n'ont rien de meilleur pour ſe rafraîchir & ſe guérir dans leurs maladies quand la navigation eſt longue. Une ſeule Tortue peut donner juſqu'à deux cens livres de chair qu'on ſale, & près de trois cens œufs fort gros, & qui ſont de garde. Le Carret eſt une autre Tortue très-groſſe auſſi-bien que la franche, d'une chair à la vérité moins délicate ; mais elle eſt très-recherchée pour ſon écaille qu'on façonne comme l'on veut en l'amoliſſant dans l'eau chaude, puis la mettant dans un moule dont on lui fait prendre exactement & ſur le champ la figure à l'aide d'une bonne preſſe de fer : on la polit enſuite, & l'on y ajoûte des cizelures d'or & d'argent, ou d'autres orne-

mens. La Tortue paît l'herbe ſous l'eau
& hors de l'eau. Elle fait ſa demeure
ordinaire & trouve ſa nourriture dans
de certaines prairies qui ſont au fond
de la mer le long de pluſieurs Iſles de
l'Amérique. Il y a peu de braſſes d'eau
ſur quelques-uns de ces fonds, & les
voyageurs rapportent que quand la mer
eſt calme & le temps ſerain, on voit ce
beau tapis verd au fond de l'eau, &
les Tortues qui s'y promènent. Après
qu'elles ont mangé, elles vont à l'embouchure des rivières chercher l'eau
douce. Elles viennent reſpirer, puis s'en
retournent au fond. Quand elles ne
mangent point, elles ont ordinairement
la tête hors de l'eau, à moins qu'elles
ne voyent remuer quelque Chaſſeur ou
quelque Oiſeau de proye, auquel cas
elles s'enfoncent bien vîte. Elles vont
tous les ans à terre pondre leurs œufs
dans des trous qu'elles ſe font ſur le
ſable, un peu au-deſſus de l'endroit où
la lame, c'eſt-à-dire les vagues de la
mer qui roulent les unes ſur les autres,
vient battre. Elles les couvrent très-
légérement, afin que le ſoleil les échauffe
& faſſe éclorre les petits ; & en travail-
lant pour leur famille, elles préparent
une proviſion abondante aux hommes

& aux Oiseaux : car elles vont pondre de quinze jours en quinze jours jusqu'à trois fois, & mettent bas chaque fois quatre-vingt-dix œufs & plus. Au bout de vingt-quatre ou de vingt-cinq jours, on voit sortir du sable de petites Tortues, qui sans leçons & sans guides s'en vont tout doucement gagner l'eau. Mais malheureusement pour elles la lame les rejette les premiers jours. Les Oiseaux accourent qui les enlèvent la plupart avant qu'elles soient assez vigoureuses pour tenir contre les flots, & pour se glisser au fond : aussi de trois cens œufs il n'en échappe quelquefois pas dix, quelquefois point du tout.

Ceci est en partie confirmé par le rapport de *Guillaume Dampier* dans son *Nouveau Voyage autour du Monde*. Il y a, dit ce célèbre Voyageur, de quatre sortes de Tortues de mer ; savoir, les grosses Tortues ou Tortues à Bahu ; les Grosses Têtes ; les Bec-à-Faucon, & les Tortues Vertes. Les premières sont communément plus grosses que les autres, ont le dos plus haut & plus rond, la chair puante & malsaine. Les Grosses Têtes sont ainsi appellées, parce qu'elles ont la tête plus grosse que toutes les autres : leur chair est aussi fort-

puante, & l'on en mange rarement hors
les cas de néceffité. Elles fe nourriffent
de la mouffe qui vient autour des rochers. Les Bec-à-Faucon font les moindres de toutes. On les appelle ainfi,
parce qu'elles ont la gueule longue &
petite, & en quelque façon de la figure
du bec d'un Faucon. Le dos de ces Tortues eft couvert d'une écaille dont on
fait beaucoup de cas pour faire des cabi-
nets, des peignes, & autres chofes. La
plus groffe a environ trois livres & demi
d'écaille. Celles-ci font médiocrement
bonnes à manger ; mais en général elles
valent mieux que les groffes têtes. Cependant les Bec-à-Faucon font malfaines
en certains lieux : elles purgent & font
exceffivement vomir ceux qui en mangent ; elles font meilleures ou pires fuivant ce qu'elles mangent. En certains
endroits elles fe nourriffent d'herbe,
comme font les Vertes ; en d'autres,
elles fe tiennent entre les rochers, &
ne mangent que de la mouffe ou de
l'herbe fauvage : auffi celles-ci ne font-
elles pas fi bonnes que celles qui mangent de l'herbe, ni leur écaille fi nette ;
car d'ordinaire elle eft couverte de
taches qui empêchent qu'elle ne foit
tranfparente. Quant à la chair, elle eft

N iij

communément jaune, & principalement le gras. Il y a des Tortues à Bec de Faucon en divers endroits des Indes Occidentales. Elles ont des Isles & des lieux particuliers où elles vont pondre, & ne se mêlent que rarement avec les autres. Les unes & les autres pondent dans le sable en Mai, Juin & Juillet, les unes plutôt, les autres plus tard. Elles pondent trois fois, & chaque fois 80 ou 90 œufs. Leurs œufs sont aussi gros que ceux des Poules, fort ronds, & couverts seulement d'une peau blanche & rude. Lorsqu'une Tortue sort de la mer pour pondre, elle est du moins une heure à revenir ; car il faut qu'elle aille au delà des lieux où la mer va en haute marée ; & s'il arrive que l'eau soit basse quand elle vient à terre, elle est si pésante, qu'il faut qu'elle se repose deux ou trois fois avant que d'arriver au lieu où elle veut pondre. Après qu'elle a trouvé un lieu commode, elle fait un grand trou dans le sable avec ses nageoires. Quand elle a pondu, elle couvre ses œufs à deux pieds de profondeur du même sable qu'elle a tiré du trou, & puis s'en retourne. Elle vient quelquefois une nuit d'avance au lieu où elle veut pondre ; & après l'avoir visité &

fait un tour ou demi-cercle de marche, elle s'en retourne à la mer, & ne manque jamais de revenir à terre la nuit fuivante pour pondre près de ce lieu-là. Toutes les Tortues pondent de la même manière. La manière de les prendre eft de faire le guet, de fe promener toute la nuit d'un côté & d'autre fans bruit & fans lumière. Quand la Tortue vient à terre, celui qui eft au guet la renverfe fur le dos, la traîne hors de la portée de la haute marée, & la laiffe-là jufqu'au matin. Une groffe Tortue verte eft fi péfante & fait tant d'efforts, que deux hommes font affez embarraffés à la renverfer. On les appelle vertes, parce qu'elles ont l'écaille plus verte que les autres. Elle eft fort déliée & fort tranfparente, & les nuages en font plus beaux que ceux de l'écaille du Bec-à-Faucon : mais on ne s'en fert que pour les pièces de rapport, parce qu'elle eft extraordinairement déliée. Elles font en général plus groffes que les Bec-à-Faucon, & pèfent deux ou trois cens livres la pièce. Leur dos eft plus plat que celui des Bec-à-Faucon, & leur tête eft ronde & petite. Elles font les plus délicates de toutes ; mais il y a des dégrés à obferver & pour la chair & pour

N iv

la grosseur. J'ai entendu parler d'une Tortue verte monstrueuse qu'on prit une fois à Port - Royal dans la Baye de Campêche, qui avoit quatre pieds du dos au ventre, & six pieds de ventre en largeur. Le fils du Capitaine *Roch*, de l'âge d'environ neuf ou dix ans, entroit dans l'écaille de cette Tortue comme dans un batteau, & alloit au vaisseau de son pere à environ un quart de mille au large. Le gras produisit huit galons d'huile qui valent 33 pintes mesure de Paris. Les Tortues des petites Isles situées au midi de Cuba sont les unes plus grosses, les autres moins. Les unes ont la chair verte, les autres noire, & les autres jaune. Il y en a toujours de cette espèce à Port-Royal dans la Jamaïque, parce qu'on y envoye des vaisseaux qui les prennent avec des filets, & les portent à Port-Royal. Elles arrivent en vie à la Jamaïque, où on leur fait en mer des réservoirs pour les garder vivantes. Le marché en est tous les jours bien pourvu. C'est la nourriture ordinaire de ces Pays - là, & principalement des petites gens.

La Tortue verte vit d'une herbe qui croît en mer dans la plupart des lieux ci-dessus, à 3, 4, 5 ou 6 brasses d'eau.

Cette herbe a la feuille petite ; mais elle a un quart de pouce de large, & 6 pouces de long. Il y a aux Indes Occidentales deux espèces de Tortues qui sont différentes de toutes les autres ; car le mâle & la fémelle viennent à terre en plein jour, & se couchent au soleil. Mais ailleurs il n'y a que la fémelle qui aille à terre pour pondre, & cela durant la nuit seulement. Il y a encore une autre sorte de Tortues dans les mers du Sud, qui toutes petites qu'elles sont ne laissent pas d'être assez bonnes, & qui se trouvent à l'Ouest de la côte du Mexique. Il y a en ces Animaux une chose très-surprenante & bien remarquable ; c'est que dans le temps de leur ponte ils abandonnent pendant deux ou trois mois les lieux où ils trouvoient leur vie la plus grande partie de l'année, & vont ailleurs seulement pour y pondre. On croit qu'elles ne mangent rien durant ce temps-là, de sorte que le mâle & la fémelle deviennent extrêmement maigres : mais sur-tout le mâle le devient à un point que personne ne veut en manger. Les lieux les plus remarquables où j'aye entendu dire qu'elles vont pondre, sont une Isle des Indes Occidentales nommée *Caiman*, & l'Isle de l'Ascension

N v

sur l'Ocean Septentrional. Mais elles n'ont pas plutôt fait leur ponte, qu'elles se retirent toutes. Il n'y a pas de doute qu'elles ne faſſent à la nage des centaines de lieues pour ſe rendre à ces Iſles ; car on a ſouvent remarqué que toutes les ſortes de Tortues dont nous venons de parler ſe trouvent au Caiman dans la ſaiſon de la ponte. Les Iſles Meridionales de Cuba en ſont à plus de 40 lieues, qui eſt l'endroit le plus proche d'où ces Animaux puiſſent partir ; & il eſt très-certain que la prodigieuſe quantité de Tortues qui s'y rendent pour pondre n'y ſauroit ſubſiſter. Celles qui vont pondre à l'Aſcenſion, font bien plus de chemin ; car la terre la plus proche en eſt à 300 lieues : & il eſt certain que ces Animaux ſe tiennent toujours près du rivage. Quoiqu'une infinité de Tortues quittent le lieu de leur demeure & de leur nourriture pour aller pondre, elles ne s'en vont pas toutes pour cela. Quand elles font le trajet pour aller pondre, elles ſont accompagnées d'une infinité de Poiſſons, & principalement de Goulus. La femelle allant ainſi au lieu où elle doit pondre, le mâle l'y accompagne, & ne l'abandonne jamais qu'ils ne ſoient de retour. Le mâle & la fémelle font gras lorfqu'ils commencent leur voyage : mais avant leur retour le mâle eft, comme j'ai déjà dit, fi maigre, qu'il n'eft pas alors bon à manger ; au lieu que la fémelle l'eft toujours, quoique moins graffe qu'au commencement de la faifon. On dit que ces Animaux travaillent dans l'eau à la propagation de leur efpèce, & que le mâle eft neuf jours fur la fémelle. Il eft à remarquer que quand ils font dans cette fituation, le mâle n'abandonne pas aifément la fémelle. J'ai pris des mâles en cette pofture, & un fort médiocre tireur peut alors les tranfpercer ; car le mâle n'eft point du tout fauvage : mais la fémelle voyant un canot quand elle s'élève pour fouffler, fait des efforts pour s'échapper ; cependant le mâle la tient avec fes deux nageoires de devant, & l'empêche de fuir. Quand ils font ainfi accouplés, le meilleur eft de darder la fémelle la première ; car alors on eft fûr du mâle. On dit que ces Animaux vivent long-temps ; & les Jamaïcains qui pêchent les Tortues remarquent qu'elles font long temps avant que d'être parvenues à leur parfaite grandeur. On trouve le long des Ifles en Amérique dans certains endroits quantité de Tortues vertes dont la chair est très-bonne, mais qui sont si sauvages, qu'il n'y a pas moyen d'en approcher. Par-tout où elles sont, vous les voyez sortir la tête hors de l'eau pour respirer une fois en 7 ou 8 minutes, ou tout au plus en 10 ou 12. Comme donc ces Animaux sont sauvages, on prend le parti de les darder à la faveur de la nuit ; car toutes les fois qu'elles viennent sur l'eau pour respirer, elles soufflent si fort, qu'on peut les entendre à 30 ou 40 verges de distance. Par ce moyen les Pêcheurs connoissent où elles sont, & en approchent plus aisément que de jour, parce que la Tortue voit mieux qu'elle n'entend. Dans d'autres endroits on les pêche avec des filets à larges mailles.

Voilà ce que *Dampier* nous apprend sur les Tortues de mer. Suivant d'autres Voyageurs plus modernes, les Tortues qu'on trouve dans la mer du Sud pésent ordinairement deux cens livres. On les voit souvent flotter en grand nombre sur la surface de la mer où elles sont endormies pendant la grande chaleur du jour. La manière de les prendre est la suivante : un bon plongeur se place sur l'avant d'une chaloupe, & lorsqu'il ne fe trouve plus qu'à quelques toifes de la Tortue qu'il veut prendre , il plonge avec l'attention de remonter vers la furface de l'eau fort près d'elle. Alors faififfant l'écaille vers la queue , il s'appuye fur le derrière de l'Animal qu'il fait enfoncer dans l'eau , & qui fe reveillant commence à fe débattre des pattes de derrière : ce mouvement fuffit pour foutenir fur l'eau l'homme & la Tortue jufqu'à ce que la chaloupe vienne les pêcher tous deux. Il eft extrêmement rare d'en pêcher dans la mer Baltique ou dans la Manche. Suivant la gazette de France , le dernier jour d'Octobre 1752 il arriva à Fontainebleau avec-le Poiffon de mer deftiné pour les tables de la Reine un *Carret* , efpèce de Tortue qui ne fe trouve point dans les mers de l'Europe. Sa tête , couverte d'une écaille noire , reffemble à celle d'une Tortue ordinaire. Il a la gueule en forme de bec de Perroquet. Depuis le défaut de la tête jufqu'au corps , eft une diftance d'un pied qui n'eft que chair & cartilages. L'écaille du dos , noire ainfi que celle de la tête , eft bombée & cannelée. Par-devant , l'Animal a deux nageoires , de deux pieds & demi chacune : il en a deux autres , chacune d'un pied , à l'extrémité du corps. Sa queue a un pied de long, & la figure de celle d'un Belier. Sous son ventre qui est couvert d'une écaille rougeâtre & marbrée, sont quatre pattes, formées de façon qu'elles peuvent lui servir de nageoires. Il est long d'environ six pieds, sur quatre de diamètre, & il pèse entre huit & neuf cens livres. Des pêcheurs l'ont pris sur la côte de Dieppe.

Entr'autres Mémoires qui ont été lus à l'Académie de Rouen pendant le cours de l'année 1753, on nous annonce dans les Journaux la Description d'une Tortue monstrueuse jettée par la mer dans le Port de Dieppe, par M. *Des Groisfilles*, Associé. Cette Tortue n'est autre que le Carret dont parle la Gazette de France.

Par les *Observations Anatomiques* qui se trouvent dans *l'Histoire de l'Académie Royale des Sciences, Année* 1729, nous lisons la suivante. M. *de la Font*, Ingénieur en Chef à Nantes, envoya à M. *de Mairan* la Relation d'une Tortue extraordinaire prise dans des filets le 4 Août vers l'endroit appellé *la Pierre Percée*, au Nord de l'embouchure de la Loire, à 13 lieues de Nantes. Dès qu'elle fut dans les filets, elle s'y entortilla en se débattant, de façon à leur faire faire plusieurs fois le tour de son corps ; ce qui les sauva d'être mis en pièces par l'Animal, & lui ôta le moyen de s'en dégager. Les pêcheurs qui ne vouloient principalement que retirer & conserver leurs filets, eurent beaucoup de peine à les mettre à terre sur des roches ; ils furent effrayés de sa grandeur, & encore plus des horribles cris qu'il pousfoit, sur - tout quand ils eurent pris le parti de lui casser la tête avec les crochets de fer qui sont au bout de leurs gaffes. On eût entendu ces hurlemens d'un quart de lieue, & de plus il exhaloit de sa gueule toute écumante de rage, une vapeur si puante, que tout robustes qu'ils étoient ils penserent s'en évanouir. Cet Animal avoit 7 pieds 1 pouce de long, 3 pieds 7 pouces de large aux épaules, 2 pieds dans sa plus grande épaisseur. Il avoit le port d'une Tortue ; son écaille étoit plutôt un cuir qu'une écaille ; & c'est par cette raison que M. *de la Font* l'a comparée à la *Testudo Coriacea* de *Rondelet*, qui est la même que celle de *Gesner*. *Aldrovande* & *Jonston* ne parlent de rien qui resfemble à celle-ci. Elle a la tête fort différente de celle de *Ron-delet* ou de *Gesner*, sur-tout en ce que ſes deux mâchoires ſont garnies de dents, dont les deux du devant de chaque mâchoire ſont plus longues que toutes les autres. Les deux grandes de la mâchoire ſupérieure ſont plus grandes que celles de l'inférieure qui leur répondent. Les petites dents forment un double rang, & ſe courbent les unes ſur les autres, comme celles du Requin. La Tortue de *Rondelet* n'a qu'un bec, dont les bords ſont tranchants. Le bord ſupérieur eſt fendu de manière à recevoir le bord inférieur. Les quatre nageoires de la Tortue de *Rondelet* ſont à peu près égales, compoſées de parties rangées par étages les unes ſur les autres comme les plumes des aîles des Oiſeaux ; elles ſont garnies d'ongles crochus, dont *Rondelet* juge que ces Animaux ſe ſervent pour marcher ſur terre. Mais les quatre nageoires de la Tortue de M. *de la Font* ſont fort inégales, celles de devant étant beaucoup plus grandes que celles de derrière. Leur ſurface eſt preſque entièrement unie, à la réſerve de quelques plis qui ont très-peu de relief ; c'eſt une peau grainée à peu près comme celle du chagrin, & il n'y a point d'ongles ; ce qui fait croire que l'Animal ne doit pas aller ſur terre. La queue de la

Tortue de *Rondelet* n'eſt que l'extrémité de ſon corps, terminée en pointe, & couverte de l'écaille ou cuir qui y eſt adhérent. Celle-ci a une queue entièrement dégagée de ſon corps comme celles des Quadrupèdes, longue de 16 pouces, & à laquelle le cuir ne tient point. Comme cette Tortue ne fut apportée à Nantes que 5 ou 6 jours après avoir été tuée, & cela dans un temps fort chaud, elle devint d'une ſi exceſſive puanteur, qu'il fut impoſſible d'en entreprendre la diſſection anatomique On ſe contenta de la vuider, & bien-tôt après on en jetta mal-à-propos la tête, les nageoires & la queue dans la Loire. Il ne reſta que l'écaille ou cuir, & la peau du ventre ; encore cette peau ne put-elle être long-temps ſupportée, même par les Poiſſonniers, à cauſe de ſon odeur ; & le cuir ſeul, qui ſent auſſi très-mauvais, quoiqu'un peu moins, eſt demeuré pendu au haut de la Poiſſonnerie. Il n'a rien perdu de ſa figure ; il a la conſiſtance d'une peau de Vache tannée. On l'a gratté en quelques endroits par le deſſus pour voir la tiſſure de ſes fibres ; elles reſſemblent à des pointes d'engrêlures qui entrent les unes dans les autres, comme les ſutures du crâne. Pluſieurs

habitans de nos Colonies d'Amérique ,
qui se trouvèrent alors à Nantes , assûrè-
rent que cette Tortue étoit très-diffé-
rente de celles qu'on prend, dans leurs
mers. Peu de temps auparavant il étoit
arrivé de la Chine à l'Orient qui est à
l'embouchure de la Loire , deux vaisseaux de la Compagnie des Indes. M.
de la Font soupçonne que la Tortue
pourroit les avoir suivis , parce que la
saison lui aura toujours fait trouver les
eaux assez chaudes ; car enfin il semble
qu'il faut la faire venir d'un lieu le plus
éloigné & le moins connu qu'il se
pourra.

La Tortue de mer ou marine s'appelle en Grec *Chelôné Thalassia* ; en Allemand *See - Schild - Kroete* ; en Flamand
Zee - Schild - Pad ; en Anglois *Sea-
Tortoise.*

La Tortue d'eau douce ; *Testudo pa-
lustris* , Offic. *Testudo nigra palustris* ,
Ind. Med. 116. *Testudo Lutaria* , Ron-
del. *de Pisc.* 229. Bellon *de Aquat.* 51.
Testudo quæ in aqua dulcis vivit , Gesn.
de Quad Ovip. 110. *Testudo aquæ dulcis
& lutaria* , Aldrov. *de Quad. Ovip.* 710.
Testudo aquatica , Charlet. Exer. 30.
Testudo Lutaria palustris , Schwenckf.
Rept. Siles. 164. *Testudo Aquarum dul-*

cium, *& Lutaria*, Raij Synop. *Anim.
Quad.* 254. Jonſt. *de Quad.* 146. *Teſ-
tudo fluviatilis*, *Lacuſtris*, *ſeu paluſtris*,
Quorumd.

Selon *Schwenckfeld*, cette ſorte de
Tortue a deux écailles noires oſſeuſes,
dont la ſupérieure eſt convèxe, & l'inférieure large & applatie, compoſées
chacune de pluſieurs tablettes ; quatre
pattes, deux devant, & deux derrière,
celles-ci armées de quatre ongles crochus
noirs, & celles-là de cinq, que l'Animal
peut à ſon gré faire ſortir ou rentrer,
ainſi que la tête & la queue ; le cuir ou
la peau rude, ridée, noire, qui quand
le col eſt retiré en-dedans couvre la tête
en manière de caſque ; les jambes
comme cuiraſſées d'écailles noires-luiſantes, parſemées de points jaunâtres ;
la tête petite, & le muſeau pointu ;
les mâchoires ſans dents, mais tran-
chantes ſur leurs bords & fermées exactement pour diviſer la nourriture ; la mâchoire inférieure ornée de cinq ou ſix
rayes oblongues jaunes ; deux petits
trous qui repréſentent les narines à la
mâchoire ſupérieure ; les prunelles des
yeux noires-luiſantes, entourées d'une
iris brune-rougeâtre, tachetée de deux
à trois petits points jaunâtres ; la langue

imparfaite , non libre , mais attachée à la mâchoire inférieure , & un peu faillante ; deux grands poumons , très-légers , fongueux , tranfparents , parfemés de tuyaux fibreux à peu-près comme ces efpèces de congelations qui dans un temps degelée fe forment fur les vitres ; le ventricule fimple, un peu long ; le cœur un peu large , mouffe ; le foye jaunâtre , partagé en deux lobes ; la véficule du fiel bleuâtre adhérante au lobe droit du foye ; la ratte fort petite, de couleur rougeâtre ; la queue longue d'un palme & demi , ronde , finiffant infenfiblement en pointe ; la graiffe jaune , fluide comme celles des Poiffons. Cette efpèce de Tortue pouffe un fifflement entrecoupé & fort petit ; elle mange de tout , principalement de la chair & de l'herbe. Ces Animaux s'accouplent comme les Vivipares , le mâle montant fans peine fur la fémelle. Les fémelles pondent des œufs dont la coque eft un peu dure , & qui font de deux couleurs comme ceux des Oifeaux ; elles creufent une foffe en terre pour les y dépofer , & puis elles les recouvrent. Il fe trouve de ces Tortues dans la rivière de *Bartha* en Siléfie , & fouvent les pêcheurs y en pêchent dans leurs filets. Elles fe plaifent aux lieux marêca-

geux ; elles vont pondre leurs œufs à
fec : mais elles ne fauroient fe paffer
abfolument d'eau ; & même elles périf-
fent dans l'eau, fi elles ne viennent pas
de temps en temps refpirer à fa furface.
En Siléfie, la graiffe ou l'huile de Tortue
dure fouvent pendant deux ans dans des
tonneaux où l'on garde des laveures d'é-
cuelles pour les Pourceaux , dans la
perfuafion où l'on eft que ces Animaux
en profitent mieux , & qu'ils en deviennent plus gras.

Raij obferve qu'*Ariftote* n'a pas diftin-
gué la Tortue de marais d'avec celle qui
vit dans l'eau douce. Elle habite dans
les eaux marêcageufes & limonneufes ,
dans les foffés qui entourent les murailles
des Villes & des Châteaux ; elle a le
dos large de même que la poitrine , &
un peu convèxe. Son afpect eft défagréa-
ble. On l'appelle *Tortue d'eau* pour la
différencier de la Tortue de terre , quoiqu'elles fe reffemblent toutes les deux ,
fi ce n'eft que la Tortue d'eau a la queue
plus longue & femblable à celle d'un
Rat d'eau. Son écaille eft de couleur
noire , compofée comme de pièces rap-
portées. Elle avance au dehors fes pieds ,
fa queue & fa tête , puis les retire au-
dedans à fon gré ; elle a des poumons ,

des reins, une veſſie, en un mot les mêmes parties internes que la Tortue de mer ; elle ſe nourrit d'Inſectes aquatiques, de Limaces, de Limaçons, de vers de terre, d'herbes. Ces Animaux vivent long-temps, privés de toute nourriture, & même ayant la tête coupée. On en vend aux marchés pour la Dièṫétique ou l'uſage des Malades.

Elien dit que quand on a coupé la tête à une Tortue, elle voit encore les objets, clignotte & ferme les paupières, roulant encore les yeux dans la tête ; & que ſi l'on approche la main de trop près, elle la ſaiſit & la mord bien ſerré. On ſait par expérience que la Tortue a la vie extrêmement dure, & de longue durée. Nous avons, dit le Docteur *Tyſon*, des témoins dignes de foi que des Tortues ont vêcu plus de 80 ans, ou du moins juſques-là. La Tortue vit très-long-temps ſans reſpirer. M. *Méry*, célèbre Anatomiſte, & Membre diſtingué de l'Académie Royale des Sciences, a fortement lié avec du fil les mâchoires de deux Tortues, & il leur a ſcellé le nez & la gueule avec de la cire d'Eſpagne, pour voir combien de temps elles pourroient vivre ſans reſpirer : l'une de ces Tortues a vêcu encore trente & un jours en cet état ; & l'autre, trente-deux jours. Une autre Tortue à laquelle il avoit ôté le plastron qui lui tient lieu de sternon, de sorte qu'elle ne pouvoit plus du tout respirer, n'a pas laissé de vivre encore sept - jours après. Nous n'entrerons point ici dans les contestations assez vives qui se sont élevées entre M. *du Verney* & M. *Méry* touchant la question de savoir si le sang circule dans le cœur du fœtus humain comme dans celui de la Tortue ; ou bien si le trou ovale & le canal de communication qui se rencontrent dans l'un & l'autre, ont le même usage dans tous les deux. Nous nous contenterons d'avertir que M. *Méry* tient pour l'affirmative, & M. *du Verney* pour la negative.

Notre Tortue d'eau douce est vraiment amphibie, quoiqu'elle soit plus volontiers dans l'eau que sur terre. Comme elle détruit les Insectes, on la met dans les jardins, ayant l'attention de lui donner assez d'eau pour pouvoir nager. S'il y a un vivier, ou simplement un bassin, on y met sur le bord une planche, à l'aide de laquelle la Tortue monte & descend. En hyver elle se cache en terre, & y reste sans manger dans un état d'engourdissement : en été même elle peut demeurer plusieurs jours sans prendre aucune nourriture. On pourroit la nourrir dans la maison avec du son & de la farine, ou avec des Escargots, comme l'on fait quand on veut la transporter au loin.

La Tortue d'eau douce, de rivière, de lac, d'étang ou de marais, autrement dite petite Tortue de France ou Tortue commune, s'appelle en Languedocien *Tortugue d'Aigue*, & en Anglois *Water-Tortoise*, c'est-à-dire, *Tortue d'eau*. *Belon* d'après *Pline* la nomme en son langage *Bourbière* ou *Fangearde*, à cause qu'elle se plaît aux lieux bourbeux ou fangeux.

La Tortue doit être choisie assez grosse, bien nourrie, & d'une chair tendre & succulente. On fait usage principalement de celle de terre : mais les autres espèces ont les mêmes vertus, & contiennent toutes beaucoup d'huile & de sel volatil. La chair de Tortues est d'un goût assez agréable, & approchant de celui du Bœuf ; elle est fort nourrissante : mais comme elle est massive & visqueuse, elle demande un estomac robuste, étant dure & difficile à digérer ; on a même remarqué que les personnes qui en usent fréquemment,

sont

font lâches , péfantes , & engourdies.
Plufieurs fe font imaginés qu'il n'y
avoit rien de meilleur aux Phthifiques
que de manger des Tortues : mais ce
font les bouillons , & non pas les Tortues entières qui conviennent à ces malades. La chair de ces Animaux eft d'une
fubftance trop terreftre pour pouvoir fe
digérer comme il faut dans l'eftomac
d'un Phthifique ; & même les vieillards ,
les gens pituiteux & ceux qui ont l'eftomac débile n'en doivent pas faire ufage ,
à moins qu'on n'ait foin de mêler cet
aliment avec des affaifonnemens qui en
corrigent la groffiereté : elle convient
cependant aux jeunes gens d'un tempérament chaud & bilieux , qui s'exercent
beaucoup , & qui ont un bon eftomac.
Il n'y a dans la Tortue que le corps de
bon à manger ; la tête , les pieds & la
queue n'en valent rien. Ce mets s'ap-
prête de plufieurs façons différentes :
mais il eft plus fain bouilli avec du fel
& quelques affaifonnemens , que de
toute autre manière. Les Tortues ont
beaucoup de graiffe : cette graiffe fe
conferve long - temps ; elle a un bon
goût , & peut fuppléer à du beurre. Les
œufs de Tortues font bons à manger ,
& quelques Médecins les confeillent aux

Tome II. Part. II.   **O**

fébricitans ; ils procurent le sommeil , & ils rafraîchissent. On les estime plus sains un peu gardés que tout récents.

La Médecine employe la Tortue intérieurement & extérieurement. On en fait des bouillons qui sont propres pour les maladies de la poitrine , pour la fièvre Hectique , & pour la consomption. Ces bouillons sont en même temps restaurants , & se donnent avec succès aux personnes maigres & exténuées par de longues maladies. La chair de Tortue fournit encore un syrop excellent & très-recommandé dans l'enrouement , dans la phthisie imminente , & dans la toux invéterée. Le suc huileux , balsamique & incrassant que contient la Tortue , est très-propre pour adoucir les âcretés de la poitrine , & pour corriger la salure du sang. C'est un des meilleurs remèdes qu'on puisse prescrire aux Hectiques & aux Phthisiques. La dose en est depuis une demi-once jusqu'à une once & demie. Le sang de la Tortue desséché , est estimé pour l'Epilepsie & pour la suffocation de Matrice. On le donne depuis douze grains jusqu'à deux scrupules dans de l'eau de fleurs de tilleul. Le même sang nouvellement tiré est bon pour la galle , les dartres & la lèpre, si on l'applique sur les endroits affectés. Le penis de la Tortue de mer étant séché & pulvérisé, est fort utile contre la pierre & la gravelle. La dose en est depuis un demi-gros jusqu'à deux scrupules : ce penis, après qu'il a été séché, est long d'environ un pied, & un peu plus gros que le pouce ; il est solide & dur presque comme de la corne, de couleur grise : il renferme une substance moëlleuse blanche. Le fiel de la Tortue est ophthalmique, & sa graisse ou huile est emolliente & résolutive : on s'en sert en quelques Pays pour brûler.

La Tortue fait la base du syrop de Tortue de la Pharmacopée de Paris.

> Prenez une demi-livre de maigre de veau, & le foye, le cœur, le sang & la chair d'une Tortue de grosseur ordinaire.
>
> Faites bouillir le tout dans trois chopines d'eau, que vous réduirez à deux bouillons.
>
> Ajoûtez-y le dernier quart d'heure, des sommités sèches & fleuries de millepertuis, des fleurs de guimauve & de tussilage, de chacune une pincée.

Passez ensuite la liqueur par un linge avec expression, & partagez-la en deux bouillons à prendre pendant vingt jours matin & soir dans la phthisie pulmonaire.

Fin de la troisieme Classe des Amphibies & du Tome III.